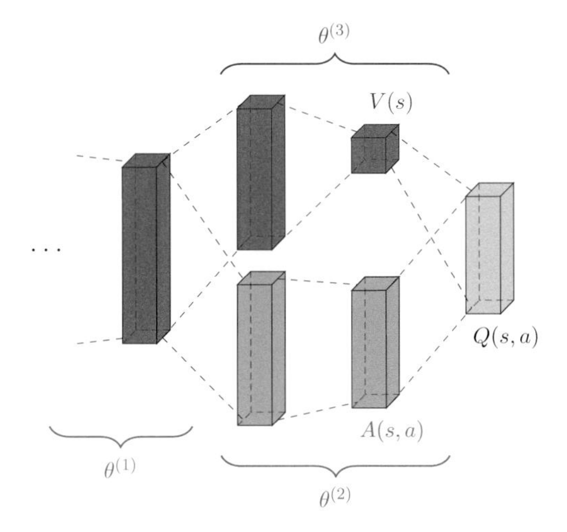

図 4.2

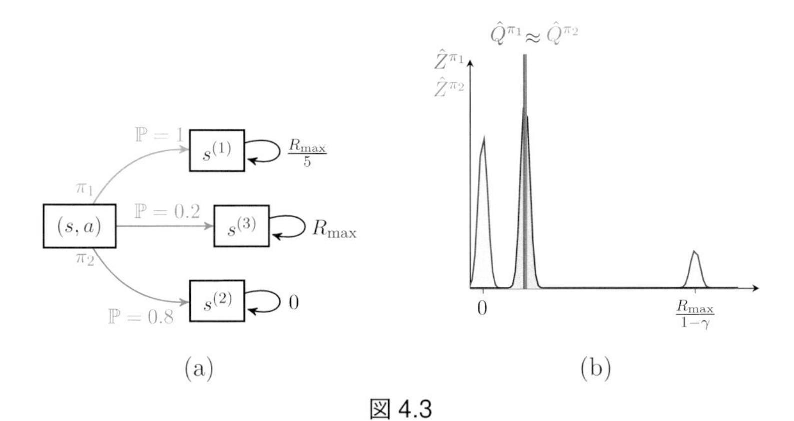

図 4.3

モデルベース
強化学習

価値ベース
強化学習

方策ベース
強化学習

図 6.2

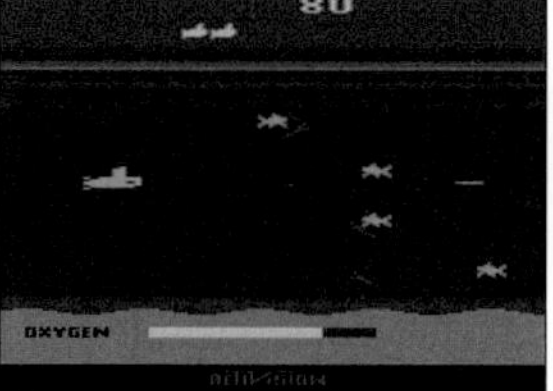

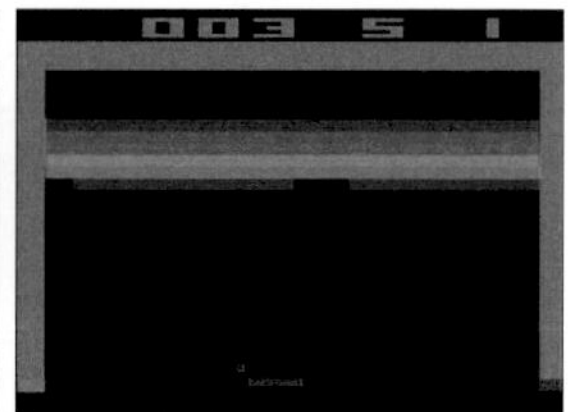

(a) Space invaders (b) Seaquest (c) Breakout

図 9.1

図 9.2

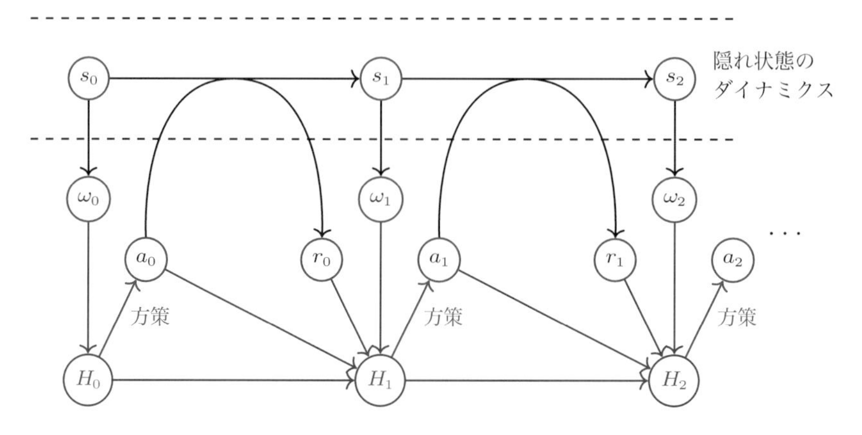

図 10.1

深層強化学習入門

Vincent François-Lavet, Peter Henderson,
Riashat Islam, Marc G. Bellemare, Joelle Pineau 著
松原崇充 監訳　井尻善久・濱屋政志 訳

An Introduction to
Deep Reinforcement Learning

共立出版

An Introduction to Deep Reinforcement Learning

by Vincent François-Lavet, Peter Henderson, Riashat Islam,
Marc G. Bellemare and Joelle Pineau

Japanese translation rights arranged with NOW PUBLISHERS INC. through Japan UNI Agency, Inc., Tokyo

Japanese language edition published by KYORITSU SHUPPAN CO., LTD.

訳者まえがき

本書は Vincent François-Lavet，Peter Henderson，Riashat Islam，Marc G. Bellemare，Joelle Pineau の 5 氏による著書 *An Introduction to Deep Reinforcement Learning* の翻訳である．強化学習の基礎から始まり，深層強化学習の主要なアルゴリズムや最先端の話題までを豊富な参考文献付きで幅広く網羅している．後半では，ベンチマーク環境や，実験結果の一貫性や再現性に関する実践的な話題も丁寧に解説されている．機械学習の基礎知識を有する大学生・大学院生や企業の研究者・技術者が，深層強化学習の概要を効率的に勉強したいと思ったときの最初の一冊として推薦できる構成である．

訳者らは，深層強化学習の理論研究者ではなく，その応用に期待が高まるロボット分野に軸足を置く研究者である．訳者らの研究領域において，深層強化学習は，画像のような高次元センサー情報に基づくロボットの複雑な行動規則を，実世界（またはシミュレーション）での経験や相互作用を用いて学習できることから，注目を集めている．一方，データ収集コストやシミュレーション誤差の課題により，実ロボットへの応用はいまだ容易ではなく，深層強化学習のさらなる進化が期待される．

深層強化学習は日進月歩で進歩しており，日々，新しい手法やアイデアが提案される．このため，国内の研究コミュニティでは，多くの用語が英語もしくはカタカナ語により仮置きされているようである．本書の翻訳を進めるにあたっては，安易にカタカナ語に逃げず，なるべく意味がわかりやすい訳語にするよう配慮し，場合によっては意訳や新たな和訳も試みた．

本邦訳書が，深層強化学習に気軽に入門し，研究・応用へと進みたい方への一助となれば幸甚である．

2021 年 2 月

監訳者・翻訳者一同

まえがき

深層強化学習は，強化学習と深層学習の組み合わせである．この研究分野の発展により，従来機械で扱う範疇ではなかった広範囲にわたる複雑な意思決定問題を解けるようになってきた．深層強化学習はヘルスケア，ロボティクス，スマートグリッド，金融工学，その他さまざまな領域において，新たな応用の可能性を切り拓きつつある．本書では，そのような深層強化学習に関し，モデルやアルゴリズム，その他のノウハウを紹介する．特に本書は，汎化性を向上させるノウハウや深層強化学習が実応用でどのように使われるかという観点に着目して執筆されている．なお，本書は，読者の皆さんがある程度機械学習の考え方に親しんでいることを前提にしている．

目次

第 1 章　はじめに　1

1.1　なぜ強化学習？ …… 1
1.2　本書の概要 …… 2

第 2 章　機械学習と深層学習　4

2.1　教師あり学習，および偏りと過適合の概念 …… 5
2.2　教師なし学習 …… 7
2.3　深層学習の手法 …… 8

第 3 章　強化学習の基礎　12

3.1　形式的な枠組み …… 13
3.1.1　強化学習の問題設定 …… 13
3.1.2　マルコフ性 …… 13
3.1.3　さまざまな方策の種類 …… 15
3.1.4　期待報酬 …… 15
3.2　方策を学習するためのさまざまな要素 …… 17
3.3　データから方策を学習するためのさまざまな設定 …… 18
3.3.1　オフラインおよびオンライン学習 …… 18
3.3.2　方策オフ型学習と方策オン型学習 …… 19

第 4 章　価値ベース手法による深層強化学習　21

4.1　Q 学習 …… 21
4.2　当てはめ Q 学習 …… 22
4.3　深層 Q ネットワーク …… 24
4.4　2 重深層 Q 学習 …… 25
4.5　決闘型ネットワーク構造 …… 26

4.6 分布型深層 Q ネットワーク ... 27
4.7 多段階学習 ... 29
4.8 DQN の改良版と派生手法の組み合わせ ... 31

第 5 章 方策勾配法による深層強化学習 32

5.1 確率的方策勾配 ... 32
5.2 確定的方策勾配 ... 34
5.3 アクター・クリティック法 ... 35
5.3.1 クリティック ... 36
5.3.2 アクター ... 36
5.4 自然方策勾配 ... 37
5.5 信頼領域最適化 ... 38
5.6 方策勾配と Q 学習の組み合わせ ... 39

第 6 章 モデルベース手法による深層強化学習 41

6.1 純粋モデルベース法 ... 41
6.1.1 先読み探索 ... 41
6.1.2 軌道最適化 ... 43
6.2 モデルフリー手法とモデルベース手法の組み合わせ ... 43

第 7 章 汎化性 47

7.1 特徴選択 ... 51
7.2 学習アルゴリズムと関数近似器の選択 ... 52
7.2.1 補助タスク ... 53
7.3 目的関数の修正 ... 54
7.3.1 報酬成形 ... 54
7.3.2 割引率 ... 54
7.4 階層的学習 ... 55
7.5 最良の偏り・過適合のトレードオフの獲得 ... 56
7.5.1 バッチ設定 ... 56
7.5.2 オンライン設定 ... 57

第 8 章　オンライン問題に特有の課題　58

8.1　探索・活用のジレンマ 58
8.1.1　探索・活用のジレンマにおけるさまざまな設定 59
8.1.2　探索に関するさまざまな手法 60
8.2　経験再生の管理 62

第 9 章　深層強化学習のベンチマーク　64

9.1　ベンチマークの環境 64
9.1.1　古典的な制御問題 64
9.1.2　ゲーム 65
9.1.3　連続的制御システムとロボット分野 67
9.1.4　他のフレームワーク 68
9.2　深層強化学習ベンチマークにおけるベストプラクティス 69
9.2.1　試行回数，乱数シード値，有意差検定 69
9.2.2　ハイパーパラメータの調整，切除比較 70
9.2.3　結果の報告，ベンチマーク環境，評価基準 70
9.3　深層強化学習のオープンソースソフトウェア 71

第 10 章　MDP を超える深層強化学習　72

10.1　部分観測性と関連する複数環境の MDP の分布 72
10.1.1　部分観測な状況 73
10.1.2　関連する複数の環境の分布 75
10.2　転移学習 77
10.2.1　ゼロショット学習 77
10.2.2　生涯学習と継続学習 78
10.2.3　カリキュラム学習 79
10.3　明示的な報酬関数を持たない学習 79
10.3.1　模範演技からの学習 79
10.3.2　直接フィードバックからの学習 81
10.4　マルチエージェントシステム 81

第 11 章　深層強化学習の展望　84

11.1　深層強化学習の成功 …… 84
11.2　深層強化学習を実世界問題に適用する際の課題 …… 85
11.3　深層強化学習と神経科学の関係 …… 86

第 12 章　結論　89

12.1　深層強化学習の将来の発展 …… 89
12.2　深層強化学習や人工知能の応用と社会への影響 …… 90

付録：深層強化学習のフレームワーク　93

参考文献　95

欧文索引　115

和文索引　120

第1章
はじめに

1.1 なぜ強化学習？

機械学習の核心は，**逐次的意思決定**（sequential decision-making）の中心的な話題と共通である．逐次的意思決定問題は，不確実な環境において，過去の経験に基づき，ある目標を達成するために実行すべき行動系列を決定する問題である．また，この問題は，ロボティクス，ヘルスケア，スマートグリッド，金融，自動運転など，広範囲の応用例を持ち，多くの領域に大きな影響を与える可能性を秘めている．

強化学習（reinforcement learning; RL）は，行動心理学（Sutton, 1984 などを参照）に触発され，この問題に対し形式的な枠組みを与えた．中心となる考え方は，生物学的なエージェントと同様，人工的なエージェントが環境と相互作用しながら学習するということである．この手法は，理論的には，過去の経験を活かそうとする逐次的意思決定問題すべてに応用可能である．人工的なエージェントは，**累積報酬**（cumulative reward）という形で与えられる目的関数を，収集された経験を用いて最適化できなければならない．環境が確率的である場合や，エージェントが現在の状態に関して部分的な情報しか観測できない場合，観測が高次元である（映像系列や時系列など）場合もありうる．また，エージェントは環境から自由に経験を収集できる場合もあれば，逆にそうしたデータに制約がある（つまり正確なシミュレータが使えない，もしくは限られたデータしかないなど）場合もある．

ここ数年で強化学習は，逐次的意思決定問題の難問を解決するのに成功したことで，ますます普及してきている．これらの業績のいくつかは，**強化学習**と**深層学習**（deep learning; DL）の組み合わせ（LeCun *et al.*, 2015; Schmindhuber, 2015; Goodfellow *et al.*, 2016）によるものである．この**深層強化学習**（deep reinforcement learning; DRL）と呼ばれる組み合わせは，状態空間が高次元である問題に対して特に有効である．これまでの強化学習が特徴選択の設計問題で苦労していたのに対し（Munos and Moore, 2002; Bellemare *et al.*, 2013），深層強化学習は，さまざまな階層の抽象概念をデータから学習する能力により，それほど事前知識がない複雑なタスクでも成功を収めてきた．たとえば，深層強化学習のエージェントは，数千画素からなる視覚情報入力をもとに学習することに成功した（Mnih *et al.*, 2015）．この研究は，人間の問題解決能力を高次元空間においても模倣できる可能性を開いたが，実はたった数年前のものであり，以前では想像しがたいことであった．

ゲームに深層強化学習を用いたいくつかの優れた成果，たとえば，画素情報に基づいて人と対戦するアタリ社[*1]のゲーム（Atari game）（Mnih *et al.*, 2015）や，世界のトッププレイヤーを破った囲碁（Silver *et al.*, 2016b）やポーカー（Brown and Sandholm, 2017; Moravcik *et al.*, 2017）などにおいて，人を上回る能力を実現できることが示されている．深層強化学習は実世界応用でも活躍が期待される．たとえば，ロボティクス（Levine *et al.*, 2016; Gandhi *et al.*, 2017; Pinto *et al.*, 2017），自動運転（You *et al.*, 2017），金融（Deng *et al.*, 2017），スマートグリッド（François-Lavet, 2017）などである．一方，深層強化学習アルゴリズムを応用する上で，いくつかの課題も浮上している．中でも，環境の効率的な探索や，少し異なる環境への汎化などは容易ではない．このため，逐次的意思決定のさまざまな問題設定に対し，さまざまな深層強化学習の枠組みが提案されてきた．

1.2　本書の概要

本書の目的は，深層強化学習の効果的な利用法と，核心となる手法の概要を提供するとともに，さらなる学習のための参考文献を提供することである．本書を読めば，深層強化学習の重要な手法とアルゴリズムの概要を理解し，応用できるようになるはずである．また，さらなる深層強化学習研究の調査のための十分な

[*1] 【訳注】米国のアーケードゲーム作成企業．企業名は囲碁用語の「アタリ」から．

基礎が得られるだろう．

第 2 章では，機械学習という分野と深層学習の手法を紹介する．そこでは，技術的な概要と，機械学習全般の中での深層学習の位置付けを簡単に説明する．教師あり学習，教師なし学習の基本的な記法の知識を前提とするが，重要な点は簡単に振り返る．

第 3 章では，マルコフ決定過程（MDP）の問題設定に沿って一般的な強化学習の枠組みを紹介し，深層強化学習のエージェントを訓練するためのさまざまな方法論を検証する．第 4 章では価値関数の学習について，第 5 章では直接的な方策表現について説明する．これらはモデルフリーと呼ばれる手法に属するものである．また，第 6 章では，モデルベースと呼ばれる手法に属する，学習した環境モデルを活用できる計画アルゴリズムについて説明する．

第 7 章では，強化学習における汎化性の概念を説明する．モデルベース法やモデルフリー法における設計要素，すなわち，(i) 特徴選択，(ii) 関数近似器の選択，(iii) 目的関数の修正，(iv) 階層的学習の重要性を議論する．第 8 章では，強化学習をオンライン問題に適用する際の主要な課題，特に，探索・活用のジレンマと，再生記憶の活用について議論する．

第 9 章では，強化学習アルゴリズムを評価するための既存のベンチマークの概要を説明し，そうした比較実験結果の一貫性や再現性を保証するための一連の方法を紹介する．

第 10 章では，MDP のより一般的な設定，すなわち，(i) 部分観測マルコフ決定過程（POMDP），(ii) 転移学習の考え方に沿った MDP の分布，(iii) 明示的な報酬関数がない学習，(iv) マルチエージェントシステム，について議論した上で，これらの問題設定で深層強化学習がどのように使われるのかを説明する．

第 11 章では，深層強化学習の今後について考察する．ここでは，さまざまな領域における深層強化学習の応用について，成功例（ロボティクス，自動運転，スマートグリッド，対話システムなど）と今後の課題も含めて議論する．さらに，深層強化学習と神経科学の関係についても簡単に議論する．

最後に，第 12 章では，深層強化学習技術のさらなる発展，今後見込まれる応用，深層強化学習と人工知能の社会的影響に関する展望をもって本書を締めくくる．

第2章
機械学習と深層学習

機械学習は，自動的にデータに含まれるパターンを見出し，特定のタスクを解決するための手法である（Christopher, 2006; Murphy, 2012）．これに対して，次の 3 つの課題が考えられてきた．

- **教師あり学習**（supervised learning）は，ラベル付きの訓練データに基づき，分類もしくは回帰を推論するタスクである．
- **教師なし学習**（unsupervised learning）は，ラベルが付いた応答がない入力データからなるデータ集合に基づき，推論結果を導くタスクである．
- **強化学習**（reinforcement learning; RL）は，累積報酬を最大化するため，エージェントが環境においてどのような行動系列をとればよいのかを学習するタスクである．

これらの機械学習のタスクを解くには，**関数近似器**（function approximator）の考え方が重要となる．関数近似器にはさまざまなものがある．たとえば，線形モデル（Anderson *et al.*, 1958），サポートベクトルマシン（SVM）（Cortes and Vapnik, 1995），決定木（Liaw, Wiener *et al.*, 2002; Geurts *et al.*, 2006），ガウス過程（Rasmussen, 2004），深層学習（LeCun *et al.*, 2015; Schmidhuber, 2015; Goodfellow *et al.*, 2016）などである．

近年，主に深層学習の発展により，時系列，画像，動画のような高次元データを学習する問題における機械学習の性能は，劇的に向上している．これは，(i) GPU と分散計算の利用による計算能力の指数的増大（Krizhevsky *et al.*,

2012)，(ii) 深層学習の方法論におけるブレークスルー (Srivastava *et al.*, 2014; Ioffe and Szegedy, 2015; He *et al.*, 2016; Szegedy *et al.*, 2016; Klambauer *et al.*, 2017)，(iii) TensorFlow（テンソルフロー）(Abadi *et al.*, 2016) のようなソフトウェアや，ImageNet（イメージネット）(Russakovsky *et al.*, 2015) のようなデータ集合を中心としたコミュニティの進展，などの側面と関連している．これらすべてがうまく組み合わさって，ここ数年の深層学習の発展の好循環が実現している．

本章では，偏りと過適合という重要な概念に沿って，教師あり学習問題を議論する．また，データ圧縮や生成モデルのようなタスクとともに，教師なし学習問題についても簡単に議論する．さらに，機械学習の全分野で中心的な位置を占めるようになった，深層学習を用いた手法についても紹介する．本章で示した概念を用いた強化学習の問題設定については，後の章で紹介する．

2.1　教師あり学習，および偏りと過適合の概念

最も抽象的な形で表すと，教師あり学習の基本は，$x \in \mathcal{X}$ を入力とし $y \in \mathcal{Y}$ を出力として与える関数 $f : \mathcal{X} \to \mathcal{Y}$ （$\mathcal{X}$ や $\mathcal{Y}$ は応用に依存する)，すなわち

$$y = f(x) \tag{2.1}$$

を見つけることである．

教師あり学習アルゴリズムは，学習サンプル $(x, y) \overset{\text{i.i.d.}}{\sim} (X, Y)$ からなるデータ集合 D_{LS} をモデルに写像する関数と見ることができる．入力空間の点 $x \in \mathcal{X}$ におけるそのようなモデルの予測は，$f(x|D_{LS})$ と表される．$D_{LS} \sim \mathcal{D}_{LS}$ のような無作為サンプリング (random sampling) を想定すると，$f(x|D_{LS})$ は確率変数 (random variable) であり，入力空間上における x の平均誤差である．この量の期待値は，

$$I[f] = \underset{X}{\mathbb{E}} \ \underset{D_{LS}}{\mathbb{E}} \ \underset{Y|X}{\mathbb{E}} \ L(Y, f(X|D_{LS})) \tag{2.2}$$

と表される．ただし，$L(\cdot, \cdot)$ は損失関数である．ここで $L(y, \hat{y}) = (y - \hat{y})^2$ とす

ると，誤差は偏り項と分散項[*1]に分解できる．この偏り・分散分解は，モデル選択・学習アルゴリズムの誤った仮定（偏り）と，有限のデータ集合で学習することによる誤差（パラメータの分散）との間のトレードオフを明示的に示すのに役立つ．ここで，パラメータの分散は過適合誤差とも呼ばれる[*2]．仮に他の損失関数（James, 2003）に対してそうした直接的分解法がなかったとしても，（データ量が無限であっても残るモデル偏りを減少させるのに）十分な余裕を持ったモデルと，（有限のデータへの過適合を避けるための）複雑すぎないモデルとの間には，常にトレードオフがある．図 2.1 はそれを図示している．

結合確率分布（joint probability distribution）がわからなければ，$I[f]$ は計算できない．代わりに，データ集合上で経験誤差を計算することができる．n 個のデータ点 (x_i, y_i) が与えられたとき，**経験誤差**（empirical error）は

$$I_S[f] = \frac{1}{n}\sum_{i=1}^{n} L(y_i, f(x_i))$$

で与えられる．

汎化誤差（generalization error）は，（訓練に使われる）サンプル集合上の誤差と未知の結合確率分布上での誤差との差異であり，

$$G = I[f] - I_S[f]$$

と定義される．

機械学習において，関数近似器の複雑さにより，汎化誤差の上限が決まる．汎化誤差の上限は，**ラーデマッハ複雑度**（Rademacher complexity）（Bartlett and

---

[*1] 偏り・分散分解（Geman *et al.*, 1992）は，

$$\mathop{\mathbb{E}}_{D_{LS}} \mathop{\mathbb{E}}_{Y|X} (Y - f(X|D_{LS}))^2 = \sigma^2(x) + \text{偏り}^2(x) \tag{2.3}$$

により得られる．ただし，

$$\begin{aligned} \text{偏り}^2(x) &\triangleq (\mathbb{E}_{Y|x}(Y) - \mathbb{E}_{D_{LS}} f(x|D_{LS}))^2 \\ \sigma^2(x) &\triangleq \underbrace{\mathbb{E}_{Y|x}\left(Y - \mathbb{E}_{Y|x}(Y)\right)^2}_{\text{内部分散}} + \underbrace{\mathbb{E}_{D_{LS}}\left(f(x|D_{LS}) - \mathbb{E}_{D_{LS}} f(x|D_{LS})\right)^2}_{\text{パラメータの分散}} \end{aligned} \tag{2.4}$$

である．

[*2] 任意のモデルにおいて，強大数の法則を考慮すると，パラメータの分散は十分に大きいデータ集合を用いることにより 0 に収束する．

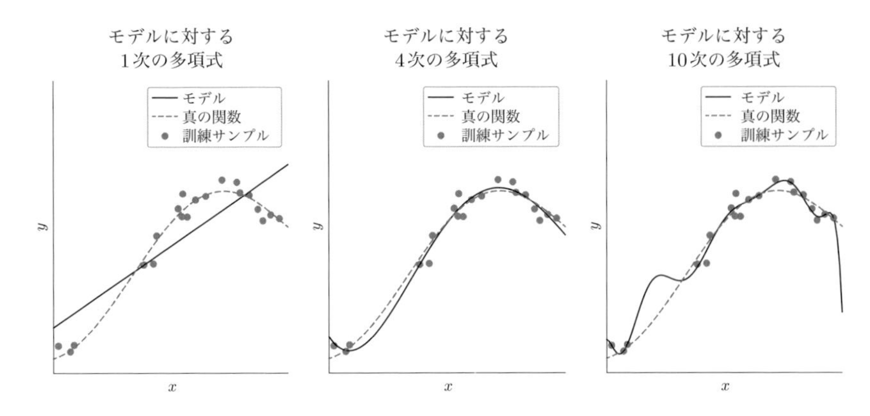

図 2.1 教師あり学習における単純な 1 次元回帰問題（scikit-learn ライブラリ（Pedregosa *et al.*, 2011）からの一例に基づく）に対する**過適合**（overfitting）と**適合不足**（underfitting）の例．この図において，データ点 (x, y) は破線で表示された真の関数に雑音が加わったサンプルである．左図において，1 次の多項式は訓練サンプルに対しても適合不足であり，適切なモデルではないことがわかる．右図は 10 次の近似であり，訓練サンプルに対しては非常に良いモデルであるが，過度に複雑で，高い汎化性を実現することはできない．

Mendelson, 2002）や **VC 次元**（VC-dimension）（Vapnik, 1998）などの複雑さの尺度を利用することでわかる．しかし，強力な理論的根拠はないものの，深層ニューラルネットワークは，パラメータが非常に多い（したがって複雑度が高い）ときでさえ，実用的に高い汎化能力を持つことが明らかになってきた（Zhang *et al.*, 2016）．

2.2 教師なし学習

教師なし学習は，ラベルを持たないデータから学習する機械学習の一分野であり，**データ圧縮**（data compression）や**生成モデル**（generative model）などの問題において，データ中のパターンを利用したり見出したりすることをいう．

データ圧縮や次元削減では，元の表現より小さい表現（たとえば，少ないビット数）を用いて情報を符号化する．たとえば，**自己符号化器**（auto-encoder）は，符号化器と復号化器からなる．符号化器は元の画像 $x_i \in \mathbb{R}^M$ を低次元表現 $z_i = e(x_i; \theta_e) \in \mathbb{R}^m$ に写像し，復号化器はそれらの特徴量を高次元表現

$d(z_i;\theta_d) \approx e^{-1}(z_i;\theta_e)$ に逆写像する．ここで，$m \ll M$ である．自己符号化器は，教師あり学習の目的関数を用いて入力を最適に復元するように訓練する．

生成モデルは，訓練集合の真のデータ分布を近似して，分布から新たなデータ点を生成することを目的とする．**敵対的生成ネットワーク**（generative adversarial network）（Goodfellow *et al.*, 2014）は，敵対的なやりとりを利用して，2つのモデルを同時に訓練する．すなわち，生成モデルGがデータ分布を捉える一方で，判別モデルDはサンプルがGではなく訓練データ由来であることを見抜こうとする．この訓練の手続きは，**ミニマックス2人ゲーム**（minimax two-player game）に対応する．

2.3　深層学習の手法

深層学習は，$\theta \in \mathbb{R}^{n_\theta}$（$n_\theta \in \mathbb{N}$）によりパラメータ化された関数 $f: \mathcal{X} \to \mathcal{Y}$

$$y = f(x;\theta) \tag{2.5}$$

に基づく．深層ニューラルネットワークは，連続する複数の処理層により決定される．それぞれの層は非線形変換で構成され，一連の変換は異なるレベルの抽象化に繋がる（Erhan *et al.*, 2009; Olah *et al.*, 2017）．

まず，1つの全結合の隠れ層を持つ非常に単純なニューラルネットワーク（図2.2参照）について説明する．最初の層では，大きさ n_x（$\in \mathbb{N}$）の列ベクトルの形式で入力値 x（すなわち入力特徴量）が与えられる．次の隠れ層の値は，大きさ $n_h \times n_x$（$n_h \in \mathbb{N}$）の W_1 による行列積と，大きさ n_h の偏り項 b_1 の和からな

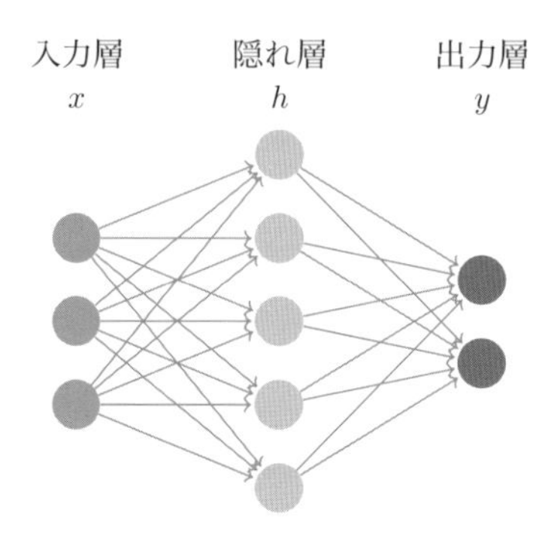

図2.2　1つの隠れ層を持つニューラルネットワークの例

る非線形パラメトリック関数による入力値の変換であり，

$$h = A(W_1 \cdot x + b_1) \tag{2.6}$$

のように表される．ここで，A は**活性化関数**（activation function）である．この非線形活性化関数は各層の変換を非線形化し，ニューラルネットワークの表現力を決定付ける．大きさ n_h の隠れ層 h が，出力値 y を与える最終層まで順に変換される．すなわち，

$$y = (W_2 \cdot h + b_2) \tag{2.7}$$

となる．ここで，W_2 は大きさ $n_y \times n_h$ であり，b_2 は大きさ n_y（$\in \mathbb{N}$）である．

これらの全層が経験誤差 $I_S[f]$ を最小化するように訓練される．ニューラルネットワークのパラメータを最適化するための最も一般的な方法は，**勾配降下法**（gradient descent）に基づく**誤差逆伝播アルゴリズム**（backpropagation algorithm）（Rumelhart *et al.*, 1988）である．最も単純な場合では，このアルゴリズムは各繰り返しにおいて，望ましい関数に当てはまるよう，内部パラメータ θ を

$$\theta \leftarrow \theta - \alpha \nabla_\theta I_S[f] \tag{2.8}$$

のように変化させる．ここで，α は学習率である．

近年の応用例では，当初提案された単純な順伝播ネットワークを改善する多種多様なニューラルネットワークの層が提案されてきた．そうした改善は，応用例に適した何らかの利点を持っている（たとえば，教師あり学習問題設定における偏りと過適合の適切なトレードオフなど）．また，設定パラメータであるニューラルネットの層数は，ここ数年今までにないほどの数となってきており，ある教師あり学習問題に対しては 100 層を上回っている（Szegedy *et al.*, 2017）．ここでは，そうした層のうち深層強化学習にとって（また他のさまざまな問題に対して）特に興味深い 2 種類の層についてのみ触れることとする．

畳み込み層（convolution layer）（LeCun, Bengio *et al.*, 1995）は，（主にその変換不変性ゆえ）画像や連続データに特に適している（図 2.3 参照）．この層のパラメータは，小さな受容野で入力層に畳み込み演算を適用し，その結果を次の層に渡す，学習可能なフィルタの集合である．結果として，ネットワークはある特

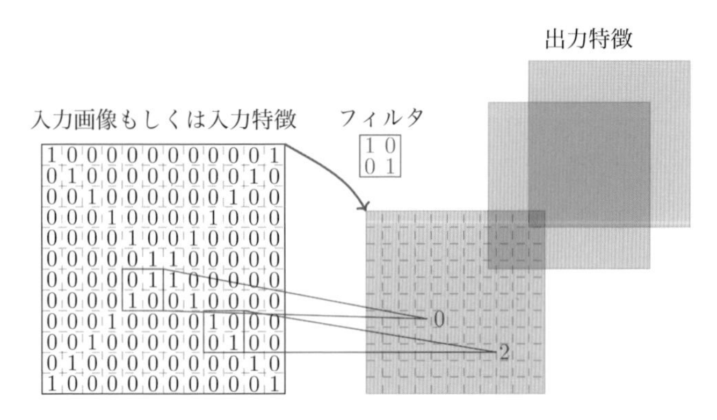

図 2.3　1 つの入力特徴にさまざまなフィルタを畳み込むことで出力特徴を作る畳み込み層．この種の層で学習されるパラメータは，フィルタそのものである．この図では，与えられたフィルタに対応する 1 つの出力特徴を示している（実際には，これらの演算の後に非線形活性化関数が適用される）．

定のパターンを検出したときに活性化するフィルタを学習することになる．画像分類問題では，最初の層がエッジ，模様，パターンの検出方法を学習し，続く層で対象の一部や全体を検出する（Erhan *et al.*, 2009; Olah *et al.*, 2017）．実際に，畳み込み層は，ほとんどの重みが 0 であり（これは学習不可能と考える）[*3]，かつ一部の重みが共通化されるという特性を持った，特殊な順伝播層である．

再帰層（recurrent layer）は連続データに特に適している（図 2.4 参照）．いろいろな変種があり，問題設定に応じた効果を発揮する．例として，**長短期記憶**（long short-term memory; LSTM）ネットワーク（Hochreiter and Schmidhuber, 1997）がある．これは，基本となる再帰型ニューラルネットワークと異なり，長い系列からの情報を符号化できる．別の例として，**ニューラルチューリングマシン**（neural turing machine; NTM）がある（Graves *et al.*, 2014）．この手法では，微分可能な**外部記憶**（external memory）を利用することで，ほとんど精度低下なく LSTM よりさらに長い長期依存関係を推論する．

深層学習の汎化性を改善するため，ほかにもさまざまなニューラルネットワークの構造が研究されてきた．たとえば，**注意機構**（attention mechanism）と呼ばれる仕組み（Xu *et al.*, 2015; Vaswani *et al.*, 2017）により，入力の一部にのみ

[*3] 【訳注】全結合におけるすべての重みを考えたときに，その多くの重みが 0 となっていると考えればよい．

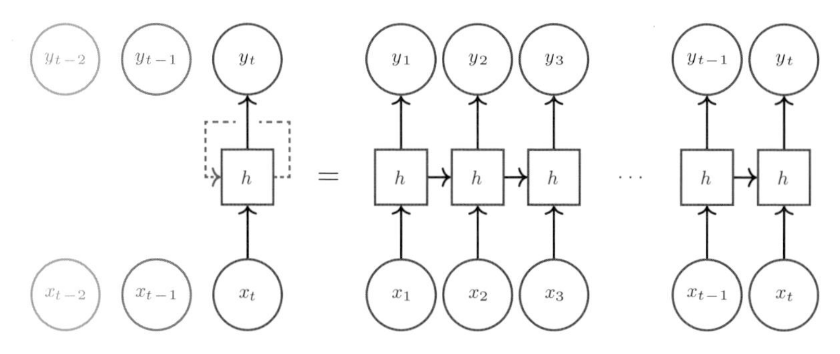

図 2.4　再帰型ニューラルネットワークの図解．“h” と書かれた層は，2 つの入力と 2 つの出力を持つ任意の非線形関数を表現する．等号の左の図は，増加する t の値に対し (x_t, y_t) に逐次的に適用される再帰型ニューラルネットワークを単純化した図であり，破線の矢印は 1 つの時間ステップを表す．右の図は，同じニューラルネットワークを，全入出力を同時に示すように展開したものである．

自動的に焦点を当てることが可能である．また，プログラムを出力することを学習することにより，**記号則**（symbolic rule）[*4]を用いることを目指す手法もある (Reed and De Freitas, 2015; Neelakantan *et al.*, 2015; Johnson *et al.*, 2017; Chen *et al.*, 2017)．

後の章で説明する深層強化学習手法を使うためには，読者は単純な教師あり学習問題（たとえば MNIST[*5]分類など）に深層学習を適用する実用的知識を備えておく必要がある．入力の正規化，重みの初期化，正則化，さまざまな勾配降下の派生手法の重要性などの話題に関しては，それぞれの手法に対するまとめ（LeCun *et al.*, 2015; Schmidhuber, 2015; Goodfellow *et al.*, 2016）と，その中に掲載されている参考文献を参照するとよい．

続く章では，強化学習，特に深層ネットワークによる関数近似を拡張した方法に焦点を当てる．これらの手法により，さまざまな難しい逐次的意思決定問題に対して，高次元入力から直接学習することが可能になる．

[*4] 【訳注】記号則は概念化された記号（symbol）の羅列であり，抽象化された意味レベルでの関係性を表現する．原著者が，汎化性改善の文脈でこれを引き合いに出しているのは，より抽象的な層で学習をすることにより汎化性を向上させる試みがあることに言及したかったためと思われる（7.2 節参照）．

[*5] 【訳注】手書き文字画像の認識．

第3章 強化学習の基礎

強化学習 (reinforcement learning; RL) は，逐次的な意思決定を扱う機械学習の分野である．本章では，強化学習問題が，環境の中で所与の累積報酬を最適化するための意思決定を行うエージェントとして，どのように定式化されるかを述べる．また，この定式化がさまざまな問題に適用でき，因果や不確実性といった人工知能の多くの重要な特徴を説明することを示す．本章では，逐次的意思決定問題を学習するためのさまざまな手法，および深層強化学習の有効性についても紹介する．

強化学習の鍵となるのは，エージェントが適切な行動を学習することである．これは，新たな行動や技能を徐々に修正・獲得することを意味する．強化学習の別の重要な側面は，(たとえば環境に対する事前知識が完全に与えられることを想定する動的計画法と対極的に) 試行錯誤の経験を活用することである．このため，強化学習のエージェントには環境に関する完全な知識や制御は必要なく，環境に働き掛け情報収集できることだけが必要とされる．オフライン問題設定では，事前に獲得された経験は，バッチ的に学習に使われる (このためオフライン問題はバッチ強化学習とも呼ばれる)．これは，データが逐次的に利用可能であり順次エージェントの挙動更新に利用されるオンライン問題設定とは対照的である．どちらの場合でも中心となる学習アルゴリズムは本質的に同じだが，オンライン問題設定の場合は，エージェントが学習に最も適した形になるように経験収集方法を修正できる点が大きく異なる．この場合，エージェントは，学習時に**探索・活用** (exploration/exploitation) のジレンマに直面し，問題はより難しいものとなる (詳細な議論は 8.1 節を参照)．しかし，エージェントは環境の一番興味深い部分に特化して情報収集するため，オンライン問題設定による学習は利点ともなる．

このため，強化学習手法は，環境が完全に既知である場合でさえ，この特性がない動的計画法（dynamic programming）などと比べて，実用上最高の計算効率を実現できる手法となる．

3.1　形式的な枠組み

3.1.1　強化学習の問題設定

一般的な強化学習問題では，エージェントの環境のやりとりを離散時間確率制御過程で以下のように定式化する．エージェントは，環境の中で所与の状態 $s_0 \in \mathcal{S}$ において，最初の観測 $\omega_0 \in \Omega$ を収集して動き始める．各時間ステップ t で，エージェントは行動 $a_t \in \mathcal{A}$ をとらなければならない．図 3.1 に図示するように，エージェントは次の 3 つの手順をたどる．すなわち，エージェントは (i) 報酬 $r_t \in \mathcal{R}$ を得て，(ii) $s_{t+1} \in \mathcal{S}$ へ状態遷移し，(iii) 観測 $\omega_{t+1} \in \Omega$ を得る．この制御問題の設定は Bellman（1957b）により初めて提案され，後に Barto *et al.*（1983）による学習に拡張された．強化学習の基礎に関する詳細な取り扱いについては，Sutton and Barto（2017）[*1]を参照されたい．ここでは，続く章で深層強化学習を掘り下げる前に，強化学習の中心的な要素を振り返る．

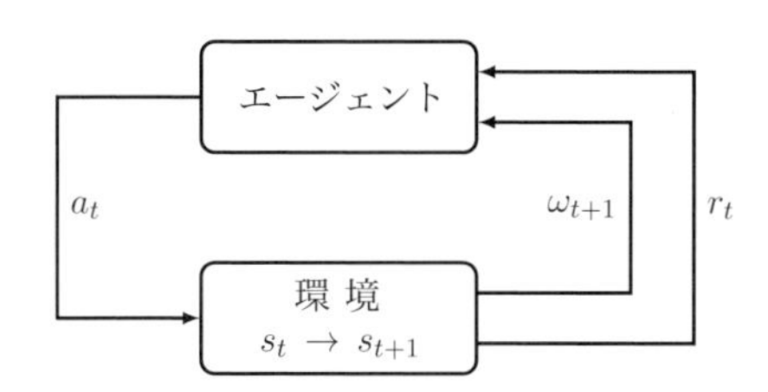

図 3.1　強化学習におけるエージェントと環境の相互作用

3.1.2　マルコフ性

理解を容易にするために，1 次マルコフ確率制御過程（Norris, 1998）を考える．

定義 3.1. もし，

- $\mathbb{P}(\omega_{t+1}|\omega_t, a_t) = \mathbb{P}(\omega_{t+1}|\omega_t, a_t, \ldots, \omega_0, a_0)$，かつ

[*1]【訳注】日本語訳が存在する：三上貞芳・皆川雅章 訳『強化学習』森北出版（2000）．

- $\mathbb{P}(r_t|\omega_t, a_t) = \mathbb{P}(r_t|\omega_t, a_t, \ldots, \omega_0, a_0)$

であるならば，離散時間確率制御過程はマルコフ的である（つまり**マルコフ性**（Markov property）を持つ）．

マルコフ性は，未来の過程が現在の観測のみに依存し，エージェントが履歴全体には興味を持たないことを意味する．

マルコフ決定過程（Markov decision process; MDP）（Bellman, 1957a）は，次のように定義される離散時間確率制御過程である．

定義 3.2. MDP は 5 要素 $(\mathcal{S}, \mathcal{A}, T, R, \gamma)$ からなる，ただし，

- $\mathcal{S}$ は**状態空間**（state space）
- $\mathcal{A}$ は**行動空間**（action space）
- $T : \mathcal{S} \times \mathcal{A} \times \mathcal{S} \to [0, 1]$ は**遷移関数**（transition function）（状態間の条件付き遷移確率の集合）
- $R : \mathcal{S} \times \mathcal{A} \times \mathcal{S} \to \mathcal{R}$ は**報酬関数**（reward function）（ただし，$\mathcal{R}$ は $R_{\max} \in \mathbb{R}^+$（すなわち，$[0, R_{\max}]$）の範囲でとりうる報酬の連続集合）
- $\gamma \in [0, 1)$ は**割引率**（discount factor）

である．

システムは MDP において完全に観測可能であり，それは観測が環境の状態と同じ，つまり $\omega_t = s_t$ であることを意味している．各時間ステップ t において，

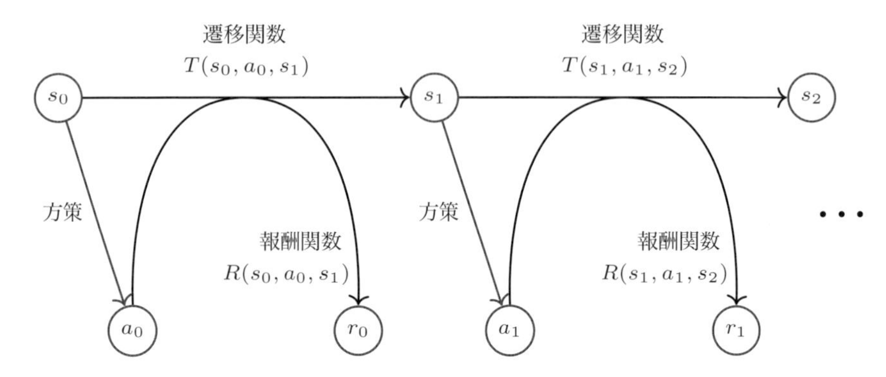

図 3.2　MDP の図解．各ステップにおいて，エージェントは行動を選択することにより自分自身の状態を変化させ報酬を受け取る．

s_{t+1} に動く確率は状態遷移関数 $T(s_t, a_t, s_{t+1})$ で与えられ，報酬は上限付きの報酬関数 $R(s_t, a_t, s_{t+1}) \in \mathcal{R}$ により与えられる．これを図 3.2 に示す．MDP のさらなる一般化については，第 10 章で紹介する．

3.1.3 さまざまな方策の種類

方策（policy）は，エージェントがどのように行動を選択するかを決定する．方策は，定常であるか非定常であるかで分類できる．非定常方策は時間ステップ依存であり，エージェントが最適化する累積報酬が有限の未来ステップに限定される**有限区間**（finite horizon）問題（Bertsekas *et al.*, 1995）において有効である．本書では，**無限区間**（infinite horizon）問題を考え，方策は定常*2であると考える．

方策は，確定論的か確率論的かで，次のように分類することもできる．

- 確定論的な場合，方策は $\pi(s) : \mathcal{S} \to \mathcal{A}$ で表される．
- 確率論的な場合，方策は $\pi(s, a) : \mathcal{S} \times \mathcal{A} \to [0, 1]$ で表される．ここで，$\pi(s, a)$ は状態 s で行動 a が選択される確率を意味する．

3.1.4 期待報酬

本書を通じ，強化学習のエージェントは

$$V^{\pi}(s) = \mathbb{E}\left[\sum_{k=0}^{\infty} \gamma^k r_{t+k} | s_t = s, \pi\right] \tag{3.1}$$

という形で与えられる**期待報酬**（expected return）$V^{\pi}(s) : \mathcal{S} \to \mathbb{R}$（**状態価値関数**（V-value function）とも呼ばれる）を最適化する方策 $\pi(s, a) \in \Pi$ を見出すことを目標とする．ただし，

- $r_t = \underset{a \sim \pi(s_t, \cdot)}{\mathbb{E}} R(s_t, a, s_{t+1})$
- $\mathbb{P}(s_{t+1} | s_t, a_t) = T(s_t, a_t, s_{t+1})$，$a_t \sim \pi(s_t, \cdot)$

である．期待報酬の定義から，**最適期待報酬**（optimal expected return）は

*2 この形式は有限区間問題に直接的に拡張可能である．この場合，方策と累積期待報酬は時間依存でなければならない．

$$V^*(s) = \max_{\pi \in \Pi} V^\pi(s) \tag{3.2}$$

と定義される．

状態価値関数以外にも興味深い関数がいくつか導かれる．**行動価値関数**（Q-value function）*3 $Q^\pi(s,a) : \mathcal{S} \times \mathcal{A} \to \mathbb{R}$ は

$$Q^\pi(s,a) = \mathbb{E}\left[\sum_{k=0}^{\infty} \gamma^k r_{t+k} | s_t = s,\ a_t = a,\ \pi\right] \tag{3.3}$$

で表される．MDP においては，この式はベルマン方程式を用い，再帰的な形

$$Q^\pi(s,a) = \sum_{s' \in \mathcal{S}} T(s,a,s') \left(R(s,a,s') + \gamma Q^\pi(s', a = \pi(s'))\right) \tag{3.4}$$

で書き直すことができる．状態価値関数と同様に，**最適行動価値関数**（optimal Q-value function）$Q^*(s,a)$ も

$$Q^*(s,a) = \max_{\pi \in \Pi} Q^\pi(s,a) \tag{3.5}$$

と定義できる．行動価値関数が状態価値関数と違うのは，最適方策が $Q^*(s,a)$ から直接

$$\pi^*(s) = \operatorname*{argmax}_{a \in \mathcal{A}} Q^*(s,a) \tag{3.6}$$

のように得られることである．**最適状態価値関数**（optimal V-value function）$V^*(s)$ は，所与の状態 s において，それ以降も方策 π^* に従い続ける場合の**期待割引報酬**（expected discounted reward）である．最適行動価値 $Q^*(s,a)$ は，所与の状態 s における所与の行動 a に対し，それ以降も方策 π^* に従い続ける場合の期待割引報酬である．

さらに，**アドバンテージ関数**（advantage function）を

$$A^\pi(s,a) = Q^\pi(s,a) - V^\pi(s) \tag{3.7}$$

と定義することができる．この量は，方策 π に直接的に従ったときの期待報酬と比べ，行動 a がどの程度良い結果を与えるかを説明している．

---

*3 【訳注】「状態行動価値関数」と訳されることもあるが，ここでは先に示した『強化学習』（森北出版, 2000）に従い，行動価値関数で統一する．

$V^\pi(s)$，$Q^\pi(s,a)$，$A^\pi(s,a)$ を推定するための 1 つの単純な方法は，**モンテカルロ法** (Monte Carlo method) である．つまり，方策 π に従いながら，s からシミュレーションを実行することで推定値を決定する．ただ，これが実現可能だとしても，たいていの場合，計算効率の観点から別の手法が好まれることをあとで説明する．

3.2　方策を学習するためのさまざまな要素

強化学習のエージェントは，以下の要素の 1 つ以上を含む．

- 各状態もしくは各状態・行動の対の良さに関する予測を与える**価値関数** (value function) の表現
- 方策 $\pi(s)$ もしくは $\pi(s,a)$ の直接的な表現
- 環境のモデル（推定された遷移関数と報酬関数）と計画アルゴリズムの組み合わせ

最初の 2 つの要素は，**モデルフリー** (model-free) と呼ばれるものに関係しており，第 4 章および第 5 章で議論する．一番下の要素を含めると，そのアルゴリズムは**モデルベース強化学習** (model-based reinforcement learning) と呼ばれ，これについては第 6 章で議論する．これらの組み合わせ，およびそれが有効である理由については，6.2 節で議論する．図 3.3 に，考えうるすべての手法の概要を示す．

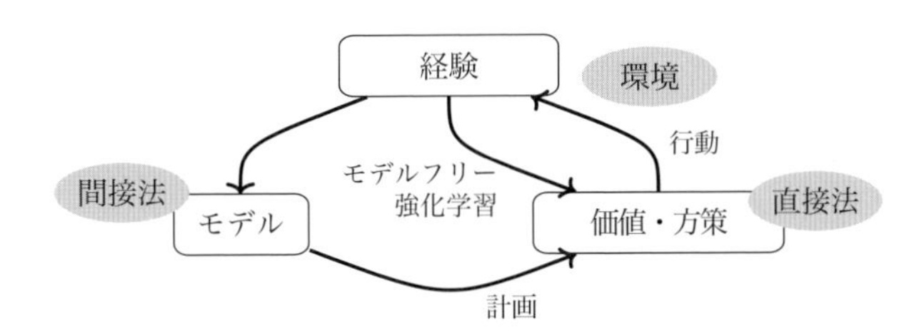

図 3.3　強化学習のさまざまな手法の概観．直接法は，環境に作用するのに，価値関数と方策のどちらかの表現を用いる．間接法は環境のモデルを利用する．

実世界の複雑さを取り扱おうとすると，ほとんどの問題で，状態空間は高次元となる（かつ連続となることもある）．強化学習アルゴリズムにおいて，深層学習を用いてモデル，価値関数，方策の推定値を学習するのがよい理由が 2 つある．

- ニューラルネットワークは（時系列や動画列などの）高次元センサー入力を扱うのに適しており，状態空間や行動空間に次元を追加したときに指数関数的にデータを増やすようなことは実用的に必要ない（第 2 章参照）．
- 逐次的な訓練が可能で，学習の際に，追加で獲得したサンプルを活用できる．

3.3　データから方策を学習するためのさまざまな設定

ここからは，強化学習により解決できる重要な問題設定について説明する．

3.3.1　オフラインおよびオンライン学習

逐次的意思決定問題の学習には，次の 2 つの設定，(i) 所与の環境において使えるデータが限られたオフライン学習設定，および (ii) 学習と並行しエージェントが順次環境から経験を獲得できるオンライン学習設定がある．どちらの設定でも，第 4 章から第 6 章で紹介する基本学習アルゴリズムは同様である．バッチ（オフラインと同義）的な問題設定は，エージェントが環境とのやりとりができず，限られたデータから学習しなければならないという点で特殊である．こうした問題では，第 7 章で紹介する汎化の概念が興味の中心となる．一方，オンライン学習問題では，学習アルゴリズムはより複雑になる．大量のデータを必要としない学習，すなわち**サンプル効率**（sample efficiency）の良さは，限られた経験から汎化するアルゴリズムの学習能力だけでなく，実際には探索・活用戦略によるエージェントの経験収集能力に依存する．加えて，後に再活用できるように経験を保存した**再生記憶**（replay memory）を活用することできる．探索と再生記憶については，第 8 章で議論する．オフラインとオンラインのいずれの問題設定でも考慮しなければならないもう 1 つの観点は計算効率であり，これは特に勾配降下の各ステップの効率に依存している．これらの詳細については，後の章で紹介する．深層強化学習で共通的に出現するさまざまな要素の概観を図 3.4 に示す．

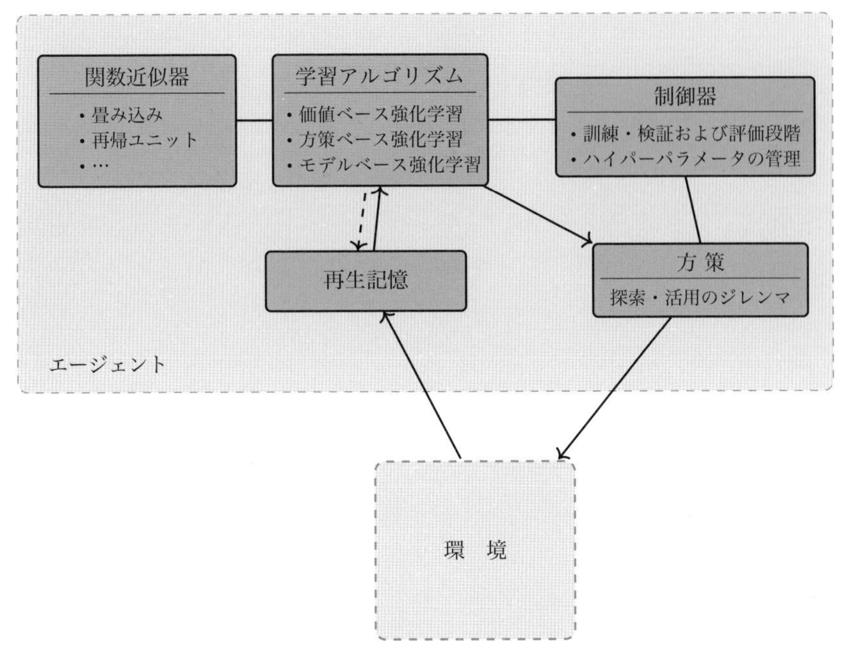

図 3.4　深層強化学習手法の概観

3.3.2　方策オフ型学習と方策オン型学習

Sutton and Barto (2017) によれば，**方策オン型** (on-policy) 手法では，意思決定を行うために使われる方策の評価・改善が試みられる．一方で，**方策オフ型** (off-policy) 手法では，データ生成に使われるのと異なる方策を評価，改善する[*4]．方策オフ型手法においては，学習を簡単に実現するために，必ずしも現在の方策ではなく，別の**挙動方策** (behavior policy) $\beta(s, a)$ によって得られた軌道が用いられることがある．この場合，**経験再生** (experience replay) により，異なる挙動方策から得られたサンプルが再利用可能となる．方策オン型手法では，これとは対照的に，**再生バッファ** (replay buffer) を利用すると，軌道は現在の方策 π だけから得られたものではないため，偏りを生じる．後の章で議論するよ

[*4] 【訳注】前出の『強化学習』(森北出版, 2000) を参考に引用・翻訳した．ただし，翻訳された当時と比べ，原著で引用された部分はかなり改訂されており (Sutton のウェブサイト https://web.stanford.edu/class/psych209/Readings/SuttonBartoIPRLBook2ndEd.pdf に掲載)，同一ではない．

うに，方策オフ型手法ではすべての経験を活用できるため，経験再生によりサンプル効率が高まる．一方，方策オン型手法では，特別に工夫しないで方策オフ型の軌道を用いると偏りを生じることになる．

第4章 価値ベース手法による深層強化学習

価値ベース系のアルゴリズムは，価値関数を用いて方策を定義するため，まず価値関数の構築が必要である．ここからは，最も単純かつ人気のある価値ベースアルゴリズムである**Q 学習**（Q-learning）アルゴリズム（Watkins, 1989）と，そこから派生した，パラメータ化された関数近似器を用いる**当てはめ Q 学習**（fitted Q-learning）（Gordon, 1996）について説明する．また，特に，画素入力をもとにニューラルネットワークを関数近似器として用いることで，アタリ社のゲームにおいて人を超えるレベルの制御を実現した**深層 Q ネットワーク**（deep Q-network; DQN）アルゴリズム（Mnih *et al.*, 2015）の要点を紹介する．次に，DQN のさまざまな改善を振り返り，さらなる詳細を学習するための資料を紹介する．本章の最後および次章で，**価値ベース手法**（value-based method）と**方策ベース手法**（policy-based method）の密接な関係について議論する．

4.1 Q学習

Q 学習の基本形は，状態・行動の各対のセルに，式 (3.3) の $Q(s,a)$ の値を持つ参照表（lookup table）を保持する．最適な行動価値関数を学習するために，Q 学習アルゴリズムは行動価値関数に対する**ベルマン方程式**（Bellman equation）（Bellman and Dreyfus, 1962）を利用する．このとき，その一意の解 $Q^*(s,a)$ は

$$Q^*(s,a) = (\mathcal{B}Q^*)(s,a) \tag{4.1}$$

で与えられる．ここで，$\mathcal{B}$ は任意の関数 $K : \mathcal{S} \times \mathcal{A} \to \mathbb{R}$ を別の関数 $\mathcal{S} \times \mathcal{A} \to \mathbb{R}$ に写像する**ベルマン作用素**（Bellman operator）であり，

$$(\mathcal{B}K)(s,a) = \sum_{s' \in \mathcal{S}} T(s,a,s') \left(R(s,a,s') + \gamma \max_{a' \in \mathcal{A}} K(s',a') \right) \tag{4.2}$$

と定義される．ベルマン作用素 $\mathcal{B}$ は，バナッハの定理により**収縮写像**（contraction mapping）[*1]であるので，**不動点**（fixed point）が存在する．最適価値関数の収束性に関する一般的な証明（Watkins and Dayan, 1992）は，実践的には，次の条件下で得られる．

- 状態・行動の対は離散的に表現される．
- すべての行動は，各状態で繰り返しサンプリングされる（十分な探索を保証するので，状態遷移モデルは必要ない）．

この単純な問題設定は，状態・行動空間が高次元（かつ場合によって連続的）であるときには，しばしば成り立たない．そのような場合には，パラメータ化された価値関数 $Q(s,a;\theta)$ が必要となる．ここで，θ は行動価値を定義するパラメータである．

4.2　当てはめ Q 学習

所与のデータ集合 D において，経験は $< s,a,r,s' >$ の組み合わせの形で得られる．ただし，次ステップにおける状態 s' は $T(s,a,\cdot)$ から得られ，報酬 r は $R(s,a,s')$ により与えられる．当てはめ Q 学習（Gordon, 1996）では，アルゴリズムは行動価値 $Q(s,a;\theta_0)$ を無作為に初期化することから始まる．ここで，θ_0 は初期パラメータを表す（通常，学習が遅くならないように，行動価値は 0 に近い値であるほうがよい）．次に，k 番目の繰り返しにおける行動価値の近似 $Q(s,a;\theta_k)$ が，**標的値**（target value）に対して

$$Y_k^Q = r + \gamma \max_{a' \in \mathcal{A}} Q(s',a';\theta_k) \tag{4.3}$$

のように更新される．ここで，θ_k は k 番目の繰り返しにおける行動価値を定義するいくつかのパラメータを表す．

[*1] ベルマン作用素は，任意の有界関数 $K, K' : S \times A \to \mathbb{R}$ の対に対して次の上限が成り立つので，収縮写像である．

$$||TK - TK'||_\infty \leq \gamma ||K - K'||_\infty$$

ニューラル当てはめ Q 学習（neural fitted Q-learning; NFQ）（Riedmiller, 2005）では，Q ネットワークに対して状態が入力され，とりうる行動を表す出力が得られる．NFQ は，所与の s' に対する $\max_{a' \in \mathcal{A}} Q(s', a'; \theta_k)$ の計算結果が，ニューラルネットワークの 1 回の順伝播で得られるという効率的な構造を持つ．行動価値はニューラルネットワーク $Q(s, a; \theta_k)$ でパラメータ化されている．ただし，θ_k は，2 乗損失

$$L_{\mathrm{DQN}} = \left(Q(s, a; \theta_k) - Y_k^Q\right)^2 \tag{4.4}$$

を**確率勾配降下法**（stochastic gradient descent）（もしくはその派生手法）を用いて最小化することにより，更新される．したがって，Q 学習の更新は

$$\theta_{k+1} = \theta_k + \alpha \left(Y_k^Q - Q(s, a; \theta_k)\right) \nabla_{\theta_k} Q(s, a; \theta_k) \tag{4.5}$$

というパラメータ更新となる．ここで，α は**学習率**（learning rate）と呼ばれるスカラーの更新幅を表す．ここでは，2 乗損失の利用は必須であり，これにより $Q(s, a; \theta_k)$ が確率変数 Y_k^Q の期待値に対して不偏であることを保証できる[*2]．したがって，$Q(s, a; \theta_k)$ は，ニューラルネットワークが問題に十分適しており，データ集合 D の中で収集された経験が十分であるという前提のもとで何度も反復を繰り返せば，$Q^*(s, a)$ となることが保証される（第 7 章で詳述）．

重みを更新する際に，標的値も変える．ニューラルネットワークの汎化および外挿能力の限界により，この手法は状態・行動空間のさまざまな場所に大きな誤差を生じうる[*3]．このため，式 (4.2) のベルマン作用素の収縮写像の性質は，収束性を保証するには不十分である．これらの誤差は，この更新則で伝播し，結果として収束を遅らせる，もしくは不安定にすることが，実験的に確かめられる (Baird, 1995; Tsitsiklis and Van Roy, 1997; Gordon, 1999; Riedmiller, 2005)．関数近似器を使うことによる別の副作用は，行動価値が最大値（max）作用素により過大に見積もられるという事実である（Van Hasselt *et al.*, 2016）．高く見

[*2] $\mathbb{E}[(Z - c)^2]$ は，定数 c が確率変数 Z の期待値に等しいとき，最小となる．

[*3] 線形回帰で当てはめた価値反復でさえ離れて分布しうる（Boyan and Moore, 1995）．この副作用は，カーネルベースの回帰器（k 最近傍，線形内挿および多重線形内挿など）（Gordon, 1999）や決定木に基づくアンサンブル法（Ernst *et al.*, 2005）のような内挿能力のみを持つ線形関数近似器を用いると生じないが，これらの方法は高次元入力を扱うのが得意ではない．

積もることによる危険性や不安定性を避け，意味ある学習を保証するために，さまざまな工夫がなされてきた．

4.3　深層 Q ネットワーク

NFQ の考え方の拡張として Mnih *et al.* (2015) が提案した**深層 Q ネットワーク**（deep Q-network; DQN）アルゴリズムは，さまざまなアタリ社ゲームのオンライン問題設定における性能を，直接画素特徴量から学習することで大幅に改善している．この手法は，不安定性を減少させるため，次の 2 つの経験則を活用する．

- 式 (4.3) の**標的 Q ネットワーク**（target Q-network）を，$Q(s', a'; \theta_k^-)$ に置き換える．ただし，そのパラメータ θ_k^- は，C（$\in \mathbb{N}$）回の繰り返しのたびに，$\theta_k^- = \theta_k$ として更新される．これは不安定性が急速に伝播するのを防ぎ，C 回繰り返す間，標的値 Y_k^Q を固定することで分布が分離する危険性を低減する．標的ネットワークの発想自体は，当てはめ Q 学習ですでに出ていた．ただし，標的ネットワークの更新と更新の間が，当てはめ Q 学習の繰り返し 1 回と対応する．
- オンライン設定では，**再生記憶**（replay memory）（Lin, 1992）が最新の N_{replay}（$\in \mathbb{N}$）回の情報すべてを保持する．ただし，経験は後述の **ϵ-グリーディ**（ϵ-greedy）な方策[*4]により収集される．その更新は，再生記憶の中で無作為に選択された組み合わせ $< s, a, r, s' >$ の集合（ミニバッチと呼ばれる）を用いて行う．この工夫により，広範囲にわたる状態・行動空間を網羅する更新ができるようになる．加えて，1 回のミニバッチ更新は，組み合わせごとの更新に比べて分散が小さい．結果として，より大きくパラメータを更新でき，アルゴリズムの効率的な並列化が可能となる．

図 4.1 にアルゴリズムの図解を示す．

---

*4 これは ϵ の確率で無作為な行動をとり，$1 - \epsilon$ の確率で $\operatorname{argmax}_{a \in \mathcal{A}} Q(s, a; \theta_k)$ で与えられた方策に従うという方策である．

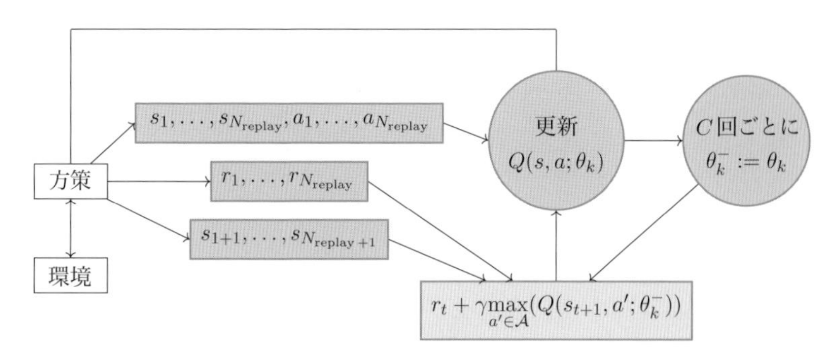

図 4.1　DQN アルゴリズムの図解．$Q(s, a; \theta_k)$ は，対象とする全域で（0 に近い）乱数により初期化され，再生記憶は最初は空である．対象とする Q ネットワークのパラメータ θ_k^- は，Q ネットワークのパラメータ θ_k により C 回目の繰り返しでのみ更新され，更新の間は固定される．また，更新には再生記憶から無作為に選択された $< s, a >$ の組み合わせによるミニバッチ（たとえば 32 要素からなる），およびその組み合わせの対象価値のミニバッチを利用する．

標的 Q ネットワークと再生記憶のほかにも，DQN は重要な経験則を利用する．標的値を適切な範囲に保ち，実用における適切な学習を保証するため，報酬を -1 と $+1$ の間に切り詰める．報酬の切り詰めにより誤差の微分の範囲が制限され，異なるゲームにおいても同じ学習率を再利用しやすくなる（ただし，偏りを生じてしまう）．プレイヤーが複数の命を持つゲームにおける 1 つの工夫は，エージェントが終端状態を避けるように，命を落とすことと終端状態を関連付ける（終端状態での割引率を 0 に設定する）ことである．

DQN では，深層学習特有の工夫も多く利用する．特に，入力次元の削減，正規化（画素値を $[-1, 1]$ に変換），問題設定特有の要件に対応するための入力前処理が利用される．加えて，ニューラルネットワーク関数近似器の最初の層に畳み込み層を使ったり，確率勾配降下法の 1 つである RMSprop（Tieleman, 2012）を最適化に用いたりする．

4.4　2 重深層 Q 学習

Q 学習（式 (4.2), (4.3)）における最大化演算は，選択・評価に対して同じ価値関数を用いる．したがって，この演算には，価値関数が不正確な場合，もしくは雑音を含む場合に，過大に見積もられた価値を選択する危険性がある．このように，DQN アルゴリズムでは上寄りの偏りが生じる．**2 重推定器法** (double estimator method) は，それぞれに対して別の推定値を利用し，推定器の選択と価値を切り離す (Hasselt, 2010) ことを可能にする．このため，環境，関数近似，非定常性，その他のさまざまな原因による確率的挙動のために，Q の推定値に誤差があったとしても，行動価値の推定における正の偏りを取り除くことできる．**2 重 DQN** (double DQN; DDQN) (Van Hasselt *et al.*, 2016) において，標的値 Y_k^Q は

$$Y_k^{\mathrm{DDQN}} = r + \gamma Q(s', \underset{a\in\mathcal{A}}{\mathrm{argmax}} Q(s', a; \theta_k); \theta_k^-) \tag{4.6}$$

に置き換えられる．これは，Q 学習の価値の過大な見積もりを弱めるとともに，安定性を高め，それにより性能を向上させる．DQN との相違点として，重み θ_t^- を持つ標的ネットワークを用いて，現在のグリーディな行動を評価する．ここで，方策に関しては，現在の重み θ から得られる価値に基づいて選択されることに注意が必要である．

4.5　決闘型ネットワーク構造

Wang *et al.* (2015) では，ニューラルネットワークの構造を，価値関数とアドバンテージ関数 $A^\pi(s,a)$ (式 (3.7)) に分離することが，性能改善に繋がることを明らかにした．行動価値関数は

$$\begin{aligned} Q(s, a; \theta^{(1)}, \theta^{(2)}, \theta^{(3)}) &= V(s; \theta^{(1)}, \theta^{(3)}) \\ &\quad + \left(A(s, a; \theta^{(1)}, \theta^{(2)}) - \max_{a'\in\mathcal{A}} A(s, a'; \theta^{(1)}, \theta^{(2)}) \right) \end{aligned} \tag{4.7}$$

で与えられる．

ここで，$a^* = \mathrm{argmax}_{a'\in\mathcal{A}}\, Q(s, a'; \theta^{(1)}, \theta^{(2)}, \theta^{(3)})$ に対して，$Q(s, a^*; \theta^{(1)}, \theta^{(2)}, \theta^{(3)}) = V(s; \theta^{(1)}, \theta^{(3)})$ が得られる．図 4.2 に示すように，$V(s; \theta^{(1)}, \theta^{(3)})$ の流れは価値関数の推定値を与え，もう一方の流れはアドバンテージ関数の推定値を与える．学習更新は DQN と同じように実行され，ニューラルネットワークの構造のみが変わる．

V および A の元来の意味を失うが，実用的には，最適化の安定性を改善する目的で少し変形した

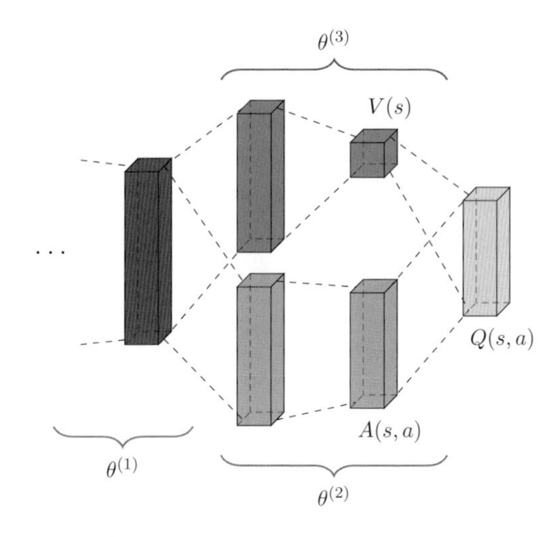

図 4.2　［口絵参照］価値 $V(s)$ およびアドバンテージ $A(s,a)$ を独立に推定する 2 つの流れを持つ決闘型ネットワーク構造．それぞれの箱はニューラルネットワークの層を表し，灰色の出力は式 (4.7) の $V(s)$ と $A(s,a)$ を結合したものである．

$$Q(s,a;\theta^{(1)},\theta^{(2)},\theta^{(3)}) = V(s;\theta^{(1)},\theta^{(3)}) + \left(A(s,a;\theta^{(1)},\theta^{(2)}) - \frac{1}{|\mathcal{A}|}\sum_{a'\in\mathcal{A}} A(s,a';\theta^{(1)},\theta^{(2)})\right) \tag{4.8}$$

のほうがよく用いられる．この場合，アドバンテージはその平均と同程度に速く変化すればよいことになり，実際これでうまくいくようである (Wang *et al.*, 2015).

4.6　分布型深層 Q ネットワーク

本章のここまでで説明してきた手法は，いずれも価値関数における期待報酬を直接的に近似するものであった．もう 1 つの手法は価値の分布，つまりとりうる累積報酬の分布により，表現力の向上を目指すものである（Jaquette *et al.*, 1973; Morimura *et al.*, 2010)．この価値分布は，環境の中での報酬，およびエージェントの遷移が本質的に確率的であることをより正確に表現する（ただし，これはエージェントの環境についての不確実性の指標ではないことに注意)．

価値の分布 Z^π は，状態・行動対から，方策 π に従ったときの報酬の分布への写像である．その期待値は Q^π に等しく，

$$Q^\pi(s,a) = \mathbb{E}Z^\pi(s,a)$$

である．この確率的報酬も次の漸化式で記述されるが，分布的な性質を持つところが特異である．

$$Z^\pi(s,a) = R(s,a,S') + \gamma Z^\pi(S',A') \tag{4.9}$$

ここで，大文字は次の状態・行動対 (S',A') および $A' \sim \pi(\cdot|S')$ の確率的な性質を強調表示している．**分布型ベルマン方程式**（distributional Bellman equation）は，Z の分布が，報酬 $R(s,a,S')$，次の状態・行動 (S',A')，およびその確率的報酬 $Z^\pi(S',A')$ という 3 つの確率変数の相互作用により決まることを示している．

深層学習を関数近似器として利用し（Bellemare *et al.*, 2017; Dabney *et al.*, 2017; Rowland *et al.*, 2018），そうした分布型ベルマン方程式が実用的に利用できることが示されてきた．これらの手法は次のような利点を持つ．

- 危険性を考慮した挙動を実装できる（たとえば Morimura *et al.*, 2010 などを参照）．
- 実用的により高い性能を持つ学習を実現できる．（図 4.3 に図示するよう

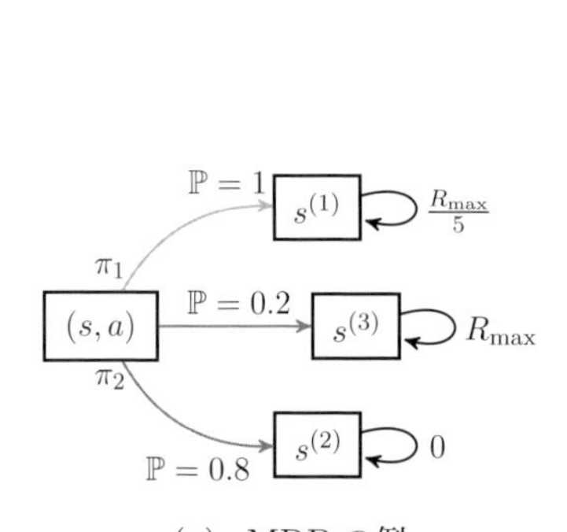

(a)　MDP の例

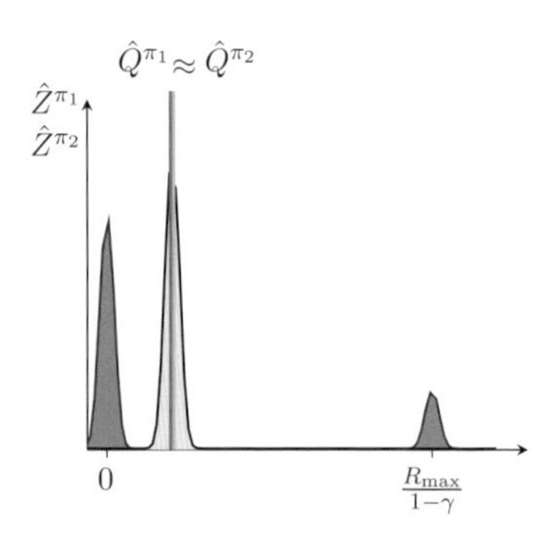

(b)　結果の価値分布 $\hat{Z}^{\pi_1}$, $\hat{Z}^{\pi_2}$，および行動価値の推定値 $\hat{Q}^{\pi_1}$, $\hat{Q}^{\pi_2}$ の図（理想的な場合）

図 4.3　[口絵参照] 図 (a) に示された 2 つの方策に対して，図 (b) は価値の分布 $Z^\pi(s,a)$ を期待価値 $Q^\pi(s,a)$ と比較表示している．図 (a) において，π_1 は各ステップで $\frac{R_{\max}}{5}$ の報酬を受け取りながら，吸収状態へと確実に動いていることがわかる．一方で，π_2 は確率 0.2 および 0.8，また各ステップで報酬 $R_{\max}$ および 0 を受け取りながら吸収状態に動いている．上記 (s,a) の対から，方策 π_1 および π_2 は同じ期待報酬を持つが，価値の分布は異なる．

に）DQN も分布型 DQN も同じ期待報酬を最適化しているので，この利点は驚きかもしれない．重要なのは，分布的に見るとスカラーの価値関数 $Q(s,a)$ に比べ，より情報が多い訓練信号の集合が自然に得られることである．期待報酬の最適化に事前に必要ではない訓練信号は，**補助タスク**（auxiliary task）として知られ（Jaderberg *et al.*, 2016），学習の改善に繋がる（これは 7.2.1 項で議論する）．

4.7 多段階学習

DQN において，（式 (4.3) で与えられる）Q ネットワークのパラメータ更新に使われる標的値は，**即時報酬**（immediate reward）と後続ステップの報酬に対する貢献の和として推定される．この貢献は，次ステップでのそれ自身の価値の推定値から推定される．このように，それ自身の価値関数の推定値を再帰的に利用するため，この学習アルゴリズムは**ブートストラップ**（bootstrap）と言われる (Sutton, 1988)．

標的値の推定法は，これだけとは限らない．非ブートストラップ法は報酬から直接学習し（モンテカルロ法），また，中間的な解として多段階の標的値を利用する (Sutton, 1988; Watkins, 1989; Peng and Williams, 1994; Singh and Sutton, 1996)．DQN におけるそのような派生手法は，

$$Y_k^{Q,n} = \sum_{t=0}^{n-1} \gamma^t r_t + \gamma^n \max_{a' \in \mathcal{A}} Q(s_n, a'; \theta_k) \tag{4.10}$$

で与えられる n ステップの標的値を利用して得られる．ここで，$(s_0, a_0, r_0, \ldots, s_{n-1}, a_{n-1}, r_{n-1}, s_n)$ は，$s = s_0$ および $a = a_0$ の任意の $n+1$ 時間ステップの軌道である．異なる複数ステップの標的値を組み合わせて使ってもよく，この場合

$$Y_k^{Q,n} = \sum_{i=0}^{n-1} \lambda_i \left(\sum_{t=0}^{i} \gamma^t r_t + \gamma^{i+1} \max_{a' \in \mathcal{A}} Q(s_{i+1}, a'; \theta_k) \right) \tag{4.11}$$

となる．ここで，$\sum_{i=0}^{n-1} \lambda_i = 1$ である．$TD(\lambda)$ と呼ばれる方法（Sutton, 1988）では，$n \to \infty$ および λ_i は幾何学的な法則に従い，$\lambda_i \propto \lambda^i$（$0 \leq \lambda \leq 1$）となる．

ここで，ブートストラップの短所と長所を挙げておこう．

- 短所は，（DQN のような）純粋なブートストラップ手法を用いると，次の時間ステップで自分自身の価値を再帰的に利用することになるので，関数近似と組み合わせると不安定になりやすい点である．一方で，n ステップ Q 学習などの手法は，利用した推定値は n 番目のステップから後退して γ^n の率で減衰するので，それ自身の価値推定値にあまり依存しない．加えて，ブートストラップにあまり頼らない方法は，報酬から直接学習するので，**遅延報酬**（delayed reward）から高速に情報を伝播することができる（Sutton, 1996）．したがって，その計算効率はより高くなる可能性がある．
- ブートストラップには長所もある．最も大きな長所は価値のブートストラップを用いることで，方策オフ型のサンプルから学習できることであろう．実際，$n > 1$ あるいは $TD(\lambda)$ とした，n ステップ Q 学習などのブートストラップを用いない手法は，原則として（たとえば，再生バッファに保存された）方策オン型手法であり，挙動方策 μ だけでは得られない軌道を用いる際に偏りが混入してしまう．

効率的に学習するために求められる条件と，方策オフ型の経験からの**適格度トレース**（eligibility trace）の安全性については，Munos *et al.* (2016) や Haruthyunyan *et al.* (2016) で与えられる．制御的な問題設定では，**リトレース作用素**（retrace operator）（Munos *et al.*, 2016）は，Q 関数列に依存した標的となる方策 π の列（ϵ-グリーディな方策など）を考え，（もし π が Q 推定値に関してグリーディであるか，もしくはグリーディに近づいていくなら）Q^* を近似しようとする．そのとき，標的値は

$$Y = Q(s,a) + \left[\sum_{t\geq 0}\gamma^t\left(\prod_{c_s=1}^{t} c_s\right)(r_t + \gamma\mathbb{E}_\pi Q(s_{t+1},a') - Q(s_t,a_t))\right] \tag{4.12}$$

となる．ここで，$c_s = \lambda\min\left(1, \frac{\pi(s,a)}{\mu(s,a)}\right)$（$0 \leq \lambda \leq 1$）であり，$\mu$ は（観測されたサンプルから推定された）挙動方策である．このような Q ネットワークの更新法は収束を保証し，分散が大きくなることはない．また，π と μ が近いときにトレースを不必要に制限することもしない．しかし，標的値を推定するには，Q 関

数をより多くの状態について推定する必要があり，1 ステップの標的の場合に比べて計算量がかなり多くなることに注意が必要である．

4.8 DQN の改良版と派生手法の組み合わせ

もともとの DQN アルゴリズムは，4.4 節や 4.7 節で議論したような（および 8.1 節で少し議論するような）さまざまな派生手法と組み合わせることができ，これについては Hessel *et al.* (2017) により研究されている．彼らの実験によれば，DQN の前述のすべての拡張を組み合わせて，アタリ 2600 で評価したところ，最高の性能が得られた．総じて，ほとんどのアタリ社ゲームにおいて，深層強化学習は人の能力を超えるレベルの性能を実現できる．

DQN に基づく手法には，現状いくつかの限界がある．とりわけ，これらのアルゴリズムは，大きな行動空間や連続的な行動空間を扱うには適さない．加えて，確率的な方策を明示的に学習することはできない．これらの限界を克服する修正は，方策ベース手法について論じる第 5 章で示される．実際，次章で，価値ベースおよび方策ベースの手法は，同じモデルフリー手法の 2 つの側面と見なせることを示す．したがって，離散行動空間（discrete action space）と確定的方策（deterministic policy）は DQN だけの制約である．

価値ベースおよび方策ベースの手法は環境モデルを利用せず，それゆえサンプル効率が良くないことに注意が必要である．モデルフリーおよびモデルベースの組み合わせ法については，第 6 章で議論する．

第5章
方策勾配法による深層強化学習

本章では，**方策勾配法**（policy gradient method）を用いた強化学習アルゴリズムに着目する．これらの手法は，方策パラメータに対する**確率勾配上昇法**（stochastic gradient ascent）の派生手法を用いて，（たとえば，ニューラルネットワークでパラメータ化された方策などにおいて）良い方策を見つけることで，性能に関する目的関数（一般的には**期待累積報酬**（expected cumulative reward））を最適化する．方策勾配法は，たとえば進化戦略なども含む方策ベース手法の幅広い分類に属することに注意されたい．進化戦略に基づいた方法は，方策パラメータの集合をサンプリングして，収益が良くなる方向に方策の集合を改善する（Salimans *et al.*, 2017）．

本章では，性能に関する目的関数を最適化するために，方策パラメータに対して評価関数の勾配を与える確率的および確定的な方策勾配の定理を紹介する．

5.1 確率的方策勾配

式 (3.1) より，**確率的方策**（stochastic policy）π のもとで，状態 s_0 における期待報酬は，以下の式で示される（Sutton *et al.*, 2000）．

$$V^{\pi}(s_0) = \int_{\mathcal{S}} \rho^{\pi}(s) \int_{\mathcal{A}} \pi(s,a) R'(s,a) da\, ds \tag{5.1}$$

ここで，$R'(s,a) = \int_{s' \in \mathcal{S}} T(s,a,s') R(s,a,s')$ である．$\rho^{\pi}(s)$ は割引された状態の分布であり，以下のように定義される．

$$\rho^{\pi}(s) = \sum_{t=0}^{\infty} \gamma^t \Pr\{s_t = s | s_0, \pi\}$$

微分可能な方策（differentiable policy）π_w において，これらのアルゴリズムの基本となる成果は，次の**方策勾配定理**（policy gradient theorem）である（Sutton *et al.*, 2000）．

$$\nabla_w V^{\pi_w}(s_0) = \int_{\mathcal{S}} \rho^{\pi_w}(s) \int_{\mathcal{A}} \nabla_w \pi_w(s,a) Q^{\pi_w}(s,a) da\, ds \tag{5.2}$$

この成果により，経験から方策パラメータ $w : \Delta w \propto \nabla_w V^{\pi_w}(s_0)$ を決定することができる．この成果が特に興味深いのは，（たとえそれを期待していたとしても）方策勾配が状態分布の勾配に依存しない点である．方策勾配の推定器（すなわち $\nabla_w V^{\pi_w}(s_0)$ を経験から推定する）を導出する最も簡単な方法は，一般的に REINFORCE アルゴリズム（Williams, 1992）として知られる「スコア関数を用いた勾配推定器」を使用することである．期待値から勾配を推定する一般的な方法を導出するため，**尤度比法**（likelihood ratio trick）が

$$\begin{aligned} \nabla_w \pi_w(s,a) &= \pi_w(s,a) \frac{\nabla_w \pi_w(s,a)}{\pi_w(s,a)} \\ &= \pi_w(s,a) \nabla_w \log(\pi_w(s,a)) \end{aligned} \tag{5.3}$$

のように利用される．式 (5.3) を考慮すると，勾配は次の式に従う．

$$\nabla_w V^{\pi_w}(s_0) = \mathbb{E}_{s\sim\rho^{\pi_w}, a\sim\pi_w}\left[\nabla_w \left(\log \pi_w(s,a)\right) Q^{\pi_w}(s,a)\right] \tag{5.4}$$

実用上は，ほとんどの方策勾配法では，割引されていない状態を使用しても，性能に大きな影響はないことに注意されたい（Thomas, 2014）．

ここまで，方策改善に続いて方策評価を含んだ方策勾配法を紹介してきた．方策評価は Q^{π_w} を推定するのに対し，方策改善は方策 $\pi_w(s,a)$ を価値関数の推定に関して最適化するための勾配ステップをとる．直感的に言って，方策改善は，期待収益に比例して行動確率を増加させるようにステップを進める．

エージェントがどのように方策評価のステップを進むか（すなわち，$Q^{\pi_w}(s,a)$ の推定値をどのように得るか）という疑問が残る．最も単純な勾配推定法は，Q 関数の推定器をすべての経験から得られた軌道における累積収益に置き換えることである．モンテカルロ法による方策勾配では，方策 π_w に従いながら，環境における実試行から $Q^{\pi_w}(s,a)$ を推定する．モンテカルロ推定器は，軌道の終端まで収益を（ブートストラップによって引き起こされる不安定性を伴わずに）推定するので，ニューラルネットワークの方策のために誤差逆伝播を使用するときは，

うまく動作する不偏推定値を与える．しかしながら，推定に方策オン型の実試行が必要であり，推定値が高い分散を示す可能性があることが主な欠点である．精度の高い収益の推定値を得るには，通常，多数の経験が必要となる．より効率的な手法は，5.3 節で述べるアクター・クリティック法のような，価値ベースの手法によって与えられる収益の推定値を，モンテカルロ法に代えて利用することである．

さらに2つのことに注意されたい．まず，方策が確定的になることを防ぐために，勾配に**エントロピー正則化**（entropy regularizer）を加えることは一般的である．正則化のおかげで，学習された方策を確率的にすることができ，方策が探索を継続することが保証される．

次に，式 (5.4) にある行動価値関数 Q^{π_w} を使用する代わりに，アドバンテージ関数 A^{π_w} を使用することもできる．$Q^{\pi_w}(s,a)$ は方策 π_w のもとで所与の状態における行動の性能を集約するのに対し，アドバンテージ関数 $A^{\pi_w}(s,a)$ は，状態価値関数 $V^{\pi_w}(s)$ が与えられた上で，ある状態における期待収益と行動価値を比較する尺度である．$A^{\pi_w}(s,a) = Q^{\pi_w}(s,a) - V^{\pi_w}(s)$ を使用すると，たいてい $Q^{\pi_w}(s,a)$ よりも小さい振れ幅となる．これは，方策改善のステップにおいて，方策勾配の推定器 $\nabla_w V^{\pi_w}(s_0)$ の分散を，期待値を修正することなく軽減させるのに役立つ[*1]．言い換えれば，$V^{\pi_w}(s)$ は勾配推定器のためのベースラインや制御変量のように見える．方策のニューラルネットワークを更新するとき，このようなベースラインを使用すると，学習率を大きくできるので，数値的な効率を改善できる．すなわち，より少ない更新で目標の性能に到達する．

5.2　確定的方策勾配

方策勾配法は確定的な方策にも拡張できる可能性がある．**連続行動空間を用いたニューラル当てはめ Q 反復法**（neural fitted Q iteration with continuous actions; NFQCA）（Hafner and Riedmiller, 2011）と**深層確定的方策勾配法**（deep deterministic policy gradient; DDPG）（Silver *et al.*, 2014; Lillicrap *et al.*, 2015）アルゴリズムは，ニューラル当てはめ Q 学習と深層 Q ネットワーク

[*1] 確かに，式 (5.2) にある $Q^{\pi_w}(s,a)$ から s に依存するベースラインを設けることは，$\forall s$, $\int_{\mathcal{A}} \nabla_w \pi_w(s,a) da = 0$ であるため，勾配推定器を変化させない．

を拡張して離散行動の制限を克服する方法で，方策の直接的な表現を取り入れている．

$\pi(s)$ は決定的方策 $\pi(s) : \mathcal{S} \to \mathcal{A}$ を意味することを示しておこう．離散行動空間において，直接的な方法は式 (5.5) のように反復的に方策を生成することである．

$$\pi_{k+1}(s) = \underset{a \in \mathcal{A}}{\operatorname{argmax}}\ Q^{\pi_k}(s, a) \tag{5.5}$$

ここで，π_k は k 回目の反復における方策である．連続行動空間においては，グリーディな方策改善は，各ステップごとに大域的な最大化が必要となるため，問題になる．その代わりに，$\pi_w(s)$ は微分可能な方策であると考える．この場合，単純かつ計算負荷の点で魅力的な代替手段は，Q 関数の勾配の方向に方策を移動させ，結果として式 (5.6) で示す深層確定的方策勾配法アルゴリズム（Lillicrap *et al.*, 2015）

$$\nabla_w V^{\pi_w}(s_0) = \mathbb{E}_{s \sim \rho^{\pi_w}} \left[\nabla_w(\pi_w) \nabla_a (Q^{\pi_w}(s, a))|_{a=\pi_w(s)} \right] \tag{5.6}$$

を導くことである．この式は，アクター・クリティック法が通常必要になる $\nabla_a \left(Q^{\pi_w}(s, a)\right)$ に（加えて $\nabla_w \pi_w$ に）依存していることを示唆している（5.3 節を参照）．

5.3　アクター・クリティック法

5.1 節と 5.2 節で述べたように，ニューラルネットワークによって表現された方策は，確定的・確率的どちらの場合でも勾配上昇法で更新可能である．また，どちらの場合でも，方策勾配はたいてい，現在の方策における価値関数の推定が必要である．一般的な方法は，アクターとクリティックで構成される**アクター・クリティック**（actor-critic）構造（Konda and Tsitsiklis, 2000）を使用することである．アクターは方策を示し，クリティックは価値関数（たとえば Q 関数）の推定を示す．深層強化学習において，アクターとクリティックは，どちらも非線形のニューラルネットワーク関数近似器によって表現される（Mnih *et al.*, 2016）．アクターは方策勾配定理から導出される勾配を使用し，方策パラメータ w を調整する．θ でパラメータ化されるクリティックは，現在の方策 $\pi : Q(s, a; \theta) \approx Q^{\pi}(s, a)$ において近似的な価値関数を推定する．

5.3.1 クリティック

再生記憶から取り出されたある要素（の集合）$< s, a, r, s' >$ を用いてクリティックを推定するための最も単純な方策オフ型の方法は，現在の価値 $Q(s, a; \theta)$ が目標の価値に毎回更新される，純粋なブートストラップアルゴリズム $TD(0)$ を使用することである．

$$Y_k^Q = r + \gamma Q\left(s', a = \pi\left(s'\right); \theta\right) \tag{5.7}$$

この方法は単純であるという利点を持つが，純粋なブートストラップの手法は不安定になりやすく，時間逆方向への報酬の伝播が遅いため，計算効率が良くない（Sutton, 1996）．これは，4.7 節で価値ベース手法について議論した点に似ている．

以下のような構成を持つことが理想的である．

- サンプル効率が良いこと．つまり，方策オフ型とオン型の軌道がどちらも使用可能である（すなわち再生記憶を使用できる）こと．
- 計算効率が良いこと．これは，安定性と，方策オン型の挙動方策の近傍から収集されたサンプルにおける速い報酬の伝播により実現する．

方策評価のために方策オン型とオフ型のデータを組み合わせる手法は数多くある（Precup, 2000）．Retrace(λ) アルゴリズム（Munos *et al.*, 2016）は，(i) どの挙動方策から収集されるサンプルも偏りなく使用できる，また (ii) 方策オン型の挙動方策の近傍から収集されるサンプルを最も有効に使用できるため効率的である，という利点を持つ．この方法は，アクター・クリティックの構造で Wang *et al.* (2016b) や Gruslys *et al.* (2017) で利用された．これらの構造は，再生記憶のおかげでサンプル効率が良く，また，学習の安定性を向上させ，時間逆方向における報酬の伝播を加速させる複数ステップの収益を使用するので，計算効率も良い．

5.3.2 アクター

式 (5.4) から，確率的な場合の方策改善段階の方策オフ型勾配は，式 (5.8) で示される．

$$\nabla_w V^{\pi_w}\left(s_0\right) = \mathbb{E}_{s \sim \rho^{\pi_\beta}, a \sim \pi_\beta}\left[\nabla_\theta\left(\log \pi_w(s, a)\right) Q^{\pi_w}(s, a)\right] \tag{5.8}$$

ここで，β は挙動方策であり，π と異なり β は一般的に勾配を偏らせる．この方法は実用的にはたいてい適切に動作するが，偏りのある方策勾配推定器は，無限回探索時の極限における方策グリーディ化（greedy in the limit with infinite exploration; GLIE）の想定（Munos *et al.*, 2016; Gruslys *et al.*, 2017）がなければ，収束性の解析が難しくなる*2.

アクター・クリティック法では，複数のエージェントが並列的に実行され，非同期的にアクターの学習器が訓練されるという，非同期的手法を使用して，経験再生なしに方策オン型の方策勾配を遂行する手法が調査されてきた（Mnih *et al.*, 2016）．エージェントの並列化は，それぞれのエージェントが与えられた時間ステップで環境の異なる部分を経験することも保証する．この場合，n ステップの収益は偏りを含むことなく使用できる．この単純な考え方は，方策オン型のデータを必要とするどの学習アルゴリズムにも適用でき，また，再生バッファを維持しておく必要はない．しかしながら，非同期的手法のサンプル効率は良くない．

代案としては，方策オン型と方策オフ型のサンプルを組み合わせて，方策オフ型法のサンプル効率と方策オン型の勾配推定の安定性とのトレードオフを調整することである．たとえば，Q-Prop（Gu *et al.*, 2017b）は，制御変量として方策オフ型のクリティックを使用することで勾配推定器の分散を減少させる一方で，モンテカルロの方策オン型勾配推定器を使用する．Q-Prop は，方策勾配を推定するために方策オン型のサンプルを使用する必要があることが，1 つの制約となる．

5.4　自然方策勾配

自然方策勾配法は自然勾配の概念から着想を得た方策更新手法である．自然勾配は Amari（1998）の研究にまで遡ることができ，後に強化学習に適用されてきた（Kakade, 2001）．

自然方策勾配法は，目的関数の多様体を使用するフィッシャーの情報量によって与えられる最急方向を利用する．最も単純な形である目的関数 $J(w)$ の最急上昇を用いると，更新は $\Delta w \propto \nabla_w J(w)$ となる．言い換えれば，$\|\Delta w\|_2$ の拘束条

*2 GLIE における「グリーディ化」とは，エージェントが無限回の経験を行うオンライン学習の設定において，挙動方策がグリーディになる（探索をしない）ように求められることを意味する．GLIE は，(i) それぞれの行動はすべての状態で無限回遂行され，(ii) その極限では，学習方策は確率 1 で Q 関数についてグリーディになることを必要とする（Singh *et al.*, 2000）.

件のもとで，$(J(w) - J(w + \Delta w))$ を最大化する方向に更新される．Δw における拘束が L_2 以外の基準で定義されたという前提で，制約付き最適化問題の 1 次の解は一般的に $\Delta w \propto B^{-1} \nabla_w J(w)$ で表される．ここで，B は $n_w \times n_w$ 行列である．自然勾配では，ノルムは KL ダイバージェンス $D_{\mathrm{KL}}\left(\pi^w \| \pi^{w+\Delta w}\right)$ への局所的な 2 次近似で与えられるフィッシャー情報量を使用する．方策 π_w を改善させるための自然勾配上昇は，

$$\Delta w \propto F_w^{-1} \nabla_w V^{\pi_w}(\cdot) \tag{5.9}$$

で与えられる．ここで，F_w はフィッシャー情報量行列であり，

$$F_w = \mathbb{E}_{\pi_w}\left[\nabla_w \log \pi_w(s, \cdot) \left(\nabla_w \log \pi_w(s, \cdot)\right)^T\right] \tag{5.10}$$

で示される．$\nabla_w V^{\pi_w}(\cdot)$ に従う方策勾配は局所的に停滞するため，たいてい遅い．しかしながら，自然勾配はパラメータ空間における一般的な最急方向に従わず，フィッシャーの尺度における方向に従う．自然勾配と一般的な勾配との間の角度は決して 90 度より大きくならないため，自然勾配を使用しても収束は保証されることに注意されたい．

自然勾配は，ニューラルネットワークのパラメータ数が大きい場合，フィッシャー情報量行列を算出，逆行列計算，保存することがたいてい実用的に容易でないことに注意が必要である (Schulman *et al.*, 2015)．これが，自然方策勾配が一般的に深層強化学習で利用されていない理由である．しかしながら，この着想に触発された他の手法も見つかってきており，次節で議論する．

5.5　信頼領域最適化

自然勾配法の修正版である，**信頼領域** (trust region) に基づいた方策最適化手法は，制御されたやり方で方策を変更・改善することを目指している．これらの拘束に基づいた方策最適化手法は，行動の分布間の KL ダイバージェンスを用いて方策の変化を制限しようとする．信頼領域の方法は，方策更新の大きさを拘束することで，方策の改善を保証する状態分布の変化も拘束することになる．

信頼領域方策最適化 (trust region policy optimization; TRPO) (Schulman *et al.*, 2015) は，拘束された更新と，その更新を行うためのアドバンテージ関数の推定値を利用し，再定式化された最適化，すなわち

$$\max_{\Delta w} \mathbb{E}_{s \sim \rho^{\pi_w}, a \sim \pi_w} \left[\frac{\pi_{w+\Delta w}(s,a)}{\pi_w(s,a)} A^{\pi_w}(s,a) \right] \tag{5.11}$$

を与える．ただし，$\mathbb{E}D_{\mathrm{KL}}(\pi_w(s,\cdot) \| \pi_{w+\Delta w}(s,\cdot)) \leq \delta$（$\delta \in \mathbb{R}$ はハイパーパラメータ）を条件としている．経験上のデータから，TRPO は目的関数を最適化するために KL 拘束を持つ共役勾配を用いる．

近接方策最適化（proximal policy optimization; PPO）（Schulman *et al.*, 2017b）は，KL 拘束を用いる代わりに，罰則や切り上げを目的関数として拘束を定式化する，TRPO とは異なるアルゴリズムである．TRPO と異なり，PPO は方策の変化により $r_t(w) = \frac{\pi_{w+\Delta w}(s,a)}{\pi_w(s,a)}$ が 1 から遠ざかると罰則を与えるように，目的関数を修正する．PPO が最大化させる切り上げの目的関数は，

$$\mathop{\mathbb{E}}_{s \sim \rho^{\pi_w}, a \sim \pi_w} \left[\min\left(r_t(w) A^{\pi_w}(s,a), \mathrm{clip}\left(r_t(w), 1-\epsilon, 1+\epsilon \right) A^{\pi_w}(s,a) \right) \right] \tag{5.12}$$

で与えられる．ここで，$\epsilon \in \mathbb{R}$ はハイパーパラメータである．この目的関数は $[1-\epsilon, 1+\epsilon]$ の間隔で r_t の変化を拘束するために，尤度比を切り上げる．

5.6　方策勾配と Q 学習の組み合わせ

強化学習の設定において，方策勾配は方策を改善するための効率的な手法である．これまで見てきたように，これには現在の方策における価値関数の推定が必要であり，サンプル効率を高めるためには，方策オフ型で機能するアクター・クリティック構造を使用するのがよい．これらのアルゴリズムは，第 4 章で議論した深層 Q ネットワークに基づく手法と異なる，以下の性質を持つ．

- 連続行動空間でも機能する．これは，力やトルクが連続値をとりうるロボティクスのような応用において特に興味深い．
- 明示的に探索できる方策を作るのに都合が良い確率的な方策を表現することができる．これは，最適方策が確率的方策である設定においても便利である（たとえば，ナッシュ均衡が確率的な方策であるマルチエージェントの設定など）．

一方，方策勾配と方策オフ型の Q 学習を直接組み合わせたさらに別の手法がある（O'Donoghue *et al.*, 2016）．設定によっては，使用される損失関数とエント

ロピー正則化次第で，価値ベースと方策ベースは等価になる（Fox *et al.*, 2015; O'Donoghue *et al.*, 2016; Haarnoja *et al.*, 2017; Schulman *et al.*, 2017a）．たとえば，エントロピー正則化を加えるとき，式 (5.4) は，

$$\nabla_w V^{\pi_w}(s_0) = \mathbb{E}_{s,a}\left[\nabla_w \left(\log \pi_w(s,a)\right) Q^{\pi_w}(s,a)\right] + \alpha \mathbb{E}_s \nabla_w H^{\pi_w}(s) \tag{5.13}$$

と書くことができる．ここで，$H^{\pi}(s) = -\sum_a \pi(s,a) \log \pi(s,a)$ である．ここから，最適条件は $\pi_w(s,a) = \exp\left(A^{\pi_w}(s,a)/\alpha - H^{\pi_w}(s)\right)$ という方策で表される．したがって，アドバンテージ関数 $\tilde{A}^{\pi_w}(s,a) = \alpha\left(\log \pi_w(s,a) + H^{\pi}(s)\right)$ の推定のために方策を利用することができる．こうして，すべてのモデルフリーの手法は，同じ手法の異なる一面として考えることができる．

唯一の制約は，価値ベースと方策ベースの手法はともにモデルフリーであり，環境モデルを一切使用しないことである．次の章では，モデルベース手法のアルゴリズムを取り上げる．

第6章
モデルベース手法による深層強化学習

第4章と第5章で，価値ベースあるいは方策ベースによるモデルフリーの手法について議論してきた．この章では，計画のアルゴリズムとともに環境のモデル（ダイナミクスや報酬関数）を用いるモデルベース手法を紹介する．6.2 節では，モデルベースとモデルフリーの手法のそれぞれの強みと，2 つの手法を統合する手法について議論する．

6.1 純粋モデルベース法

環境のモデルは，明示的に与えられる（たとえば，すべてのルールが事前にわかっている囲碁など）か，経験から学習される．モデルを学習するのに，ここでも関数近似器は高次元（おそらく部分観測）の環境において便利である（Oh *et al.*, 2015; Mathieu *et al.*, 2015; Finn *et al.*, 2016a; Kalchbrenner *et al.*, 2016; Duchesne *et al.*, 2017; Nagabandi *et al.*, 2018）．モデルは実環境の代わりとして機能する．

環境のモデルが利用できるとき，計画は，行動を推薦するためにモデルと相互作用することで構成される．離散行動の場合では，見込みのある軌道を生成することで，先読み探索が行われることが多い．連続的な行動空間では，さまざまな制御器を持った軌道最適化を使用できる．

6.1.1 先読み探索

MDP における先読み探索は，根ノードに現在状態がある決定木を作る．それはノードで取得された収益を保存し，見込みのある潜在軌道に探索を集中する．軌道をサンプリングするときに最も難しいのは，探索と活用のバランスをとることである．あるときには，探索の目的は，探索木の中でほとんどシミュレーションが行われていない（すなわち，期待価値の分散が大きい）部分で，より多くの情報を集めることである．また，あるときには，活用の目的は，最も見込みのある遷移を持つ期待価値を洗練することである．

モンテカルロ木探索 (Monte-Carlo tree search; MCTS) (Browne *et al.*, 2012) は，先読み探索で利用される手法である．とりわけモンテカルロ木探索は，困難なコンピュータ囲碁タスクにおけるさまざまな成果のおかげで，人気を獲得してきた (Brügmann, 1993; Gelly *et al.*, 2006; Silver *et al.*, 2016a)．その着想は，終端条件（たとえば，与えられた最大深度）に到達するまで，初期状態から大量の軌道をサンプリングすることである（図 6.1 を参照）．それらのシミュレーションのステップから MCTS アルゴリズムはとるべき行動を推薦する．

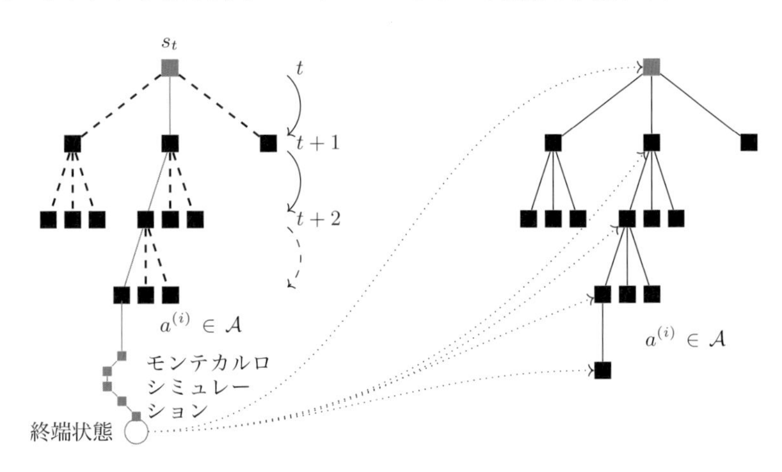

図 6.1　MCTS がモンテカルロシミュレーションを行い，異なるノードの統計量を更新することによって木を構築することを示した図．現在のノード s_t で集められた統計量に基づき，MCTS アルゴリズムは実際の環境における行動を選択する．

近年の研究は，明示的には木探索手法に依存せずに，直接，完全自動モデルを学習する戦略と，同時にモデルを最も効果的に使用する手法を開発してきた (Pascanu *et al.*, 2017)．これらの手法は，単純にモデルを学習し，そして計画の際にモデルを使用する，分離された手法と比較して，サンプル効率，性能，モデルの選択誤りに対する頑健性を改善することがわかっている．

6.1.2　軌道最適化

先読み探索の手法は，離散行動に限られていた．代替手法を，連続空間の場合でも利用したいことは多い．もしモデルが微分可能ならば，軌道に沿った報酬の誤差逆伝播によって，解析的な方策勾配を直接計算することができる（Nguyen and Widrow, 1990）．たとえば，**学習制御のための確率推論**（probabilistic inference for learning control; PILCO）（Deisenroth and Rasmussen, 2011）は**ガウス過程**（Gaussian process; GP）を使用して，確率的なダイナミクスモデルを学習する．PILCO は，計画と方策評価に明示的に不確実性を使用することで，高いサンプル効率を実現できる．しかしながら，ガウス過程は高次元の問題に拡張することが難しかった．

高次元問題に計画を拡張させるための 1 つの方法は，深層学習の汎化性を活用することである．たとえば，Wahlström *et al.* (2015) は（自己符号化器で）潜在変数を伴ったダイナミクスを深層学習でモデル化する．**モデル予測制御**（model-predictive control; MPC）（Morari and Lee, 1999）は，潜在空間において有限区間の最適制御問題を繰り返し解いて方策を見つけるために使用できる．また，より効率良く制御できる局所線形ダイナミクスを持つため，潜在空間での確率的な生成モデルを作ることもできる（Watter *et al.*, 2015）．別の方法として，実演者というよりむしろ教師として軌道最適化を使用することも考えられる．**誘導方策探索**（guided policy search; GPS）（Levine and Koltun, 2013）は，別の制御器によって提示されたいくつかの行動の系列を取得し，それらの系列から学習して，方策を調整する．軌道最適化を活用した手法は，多くの可能性を示してきた．たとえば，3 次元シミュレーションによる 2 足歩行や 4 足歩行のロボットなどがある（たとえば Mordatch *et al.*, 2015）．

6.2　モデルフリー手法とモデルベース手法の組み合わせ

モデルフリーとモデルベースの手法のそれぞれの強みは，さまざまな要因が影響する．まず，より良い手法は，エージェントが環境のモデルを利用できるかどうかに依存する．もし利用できないなら，学習したモデルは多くの場合，無視できない不正確さを含む．モデルの学習では，ニューラルネットワークのパラメータを共有することによって，隠れ状態表現を価値ベースの手法と共有できることに注意されたい（Li *et al.*, 2015）.

次に，モデルベース手法は，計算負荷の高い計画アルゴリズム（もしくは制御器）を同時に実行することが必要である．それゆえ，計画における方策 $\pi(s)$ を計算する時間的制約を考慮しなければならない（たとえば，実時間の意思決定や単に資源の制約によるものなど）.

第 3 に，方策（もしくは価値関数）の構造のほうが学習しやすいタスクがある一方で，（それほど複雑でない，あるいは規則性のある）特定の構造を持った環境のモデルを利用したほうがより効率的に学習できるタスクもある．したがって，モデル，方策，価値関数の構造によって，最も性能が高い手法は異なってくる（汎化に関する詳細については，第 7 章を参照）．この重要な点をより深く理解するために，2 つの例を考える．エージェントが完全に可観測である迷路では，行動が次の状態にどのように影響するかは明らかであり，ダイナミクスモデルはほんの少しの要素からなるエージェントによって簡単に汎化させることができる（たとえば，エージェントが迷路の壁を通過しようとしたとき，動きを阻害される）．いったんモデルが既知になれば，計画アルゴリズムは高い性能で使用することができる．次に，逆に計画がより難しくなるもう 1 つの例は，至るところでランダムにイベントが発生する状況で，エージェントが道を進まなければならないような例である．エージェントの前に障害物が現れたとき以外は，ただ前進するのが最善の方策であるとしよう．その状況では，最適方策はモデルフリーによって簡単に学習できるだろう．一方，モデルベースの手法は，（主に，さまざまな状況を引き起こしうる，モデルの確率的な性質によって）より難しくなるだろう．

さて，性能（サンプル効率）と計算時間の両方において効率的なアルゴリズムを獲得するために，学習と計画を 1 つの完全自動な訓練に統合することで，両方の長所を獲得する手法について議論しよう．さまざまな組み合わせのベン図を図 6.2 に示す．

モデルが利用可能なとき，最も簡単な 1 つの方法は，価値と方策のネットワークを利用する木探索の手法を使うことである（たとえば Silver *et al.*, 2016a）．モデルが利用可能でなく，エージェントは限られた軌道しか利用できないという想定では，よく汎化するアルゴリズムを使うことが重要である（第 7 章の汎化に関する議論を参照）．1 つの方法として，モデルフリー強化学習アルゴリズムで追加のサンプルを生成するために利用されるモデルを構築することができる（Gu

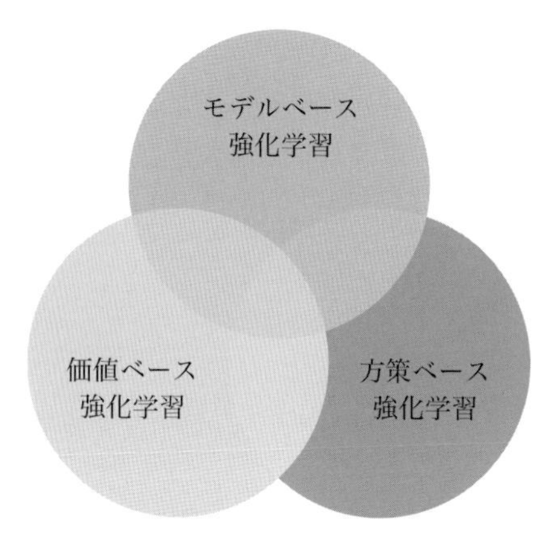

図 6.2　［口絵参照］考えられる強化学習アルゴリズムの組み合わせを示したベン図

et al., 2016b)．または，基本的なタスクを遂行するための MPC のような制御器を伴うモデルベースの手法を使用し，モデルフリー手法によりタスク達成に向けた**ファインチューニング**（fine tuning）を行うこともできる（Nagabandi *et al.*, 2017)．

ほかにも，モデルフリーとモデルベースの要素を組み合わせたニューラルネットワーク構造を作る方法がある．たとえば，モデルを通じて誤差逆伝播のステップと価値関数を組み合わせることが可能である（Heess *et al.*, 2015)．**価値反復ネットワーク**（value iteration network; VIN）構造（Tamar *et al.*, 2016）は，(価値関数によって与えられた）モデルフリー手法の目的関数から計画を学習するモジュールを持つ，完全に微分可能なニューラルネットワークである．VIN は，ある初期位置からあるゴール位置に至る計画ベースの推論を含む課題（ナビゲーションタスク）に適しており，いくつかの異なる分野で強い汎化性を示す．

同じ精神のもと，プレディクトロン（predictron）(Silver *et al.*, 2016b）は，計画の文脈において有効な，より一般的に適用できるアルゴリズムの開発を目的としている．プレディクトロンは，方策評価で使用される抽象的な状態空間における内部モデルを暗に学習することで機能する．プレディクトロンは，抽象化された状態空間から (i) 即時報酬と (ii) 多様な計画深度にわたる価値関数を学習するために，完全自動で訓練される．プレディクトロン構造は方策評価に限定されるが，その着想は，**価値予測ネットワーク**（value prediction network; VPN)

と呼ばれる構造で最適方策を学習できるアルゴリズムに拡張された（Oh *et al.*, 2017）．しかしながら，VPN は n ステップ Q 学習に依存するので，方策オン型のデータを必要とする．

ほかにも，モデルベース手法とモデルフリー手法を組み合わせた構造がある．**スキーマネットワーク**（schema network）（Kansky *et al.*, 2017）は，いくつかの関連構造を持たせて，環境のダイナミクスをデータから直接学習する．このアプローチは，オブジェクト指向の手法をモデルに取り入れることで，頑健な汎化性を持つ，よく体系化された構造を利用している．

想像拡張エージェント（imagination-augmented agents; I2As）（Weber *et al.*, 2017）は，計画を行うのに直接モデルを使用せず，深層ネットワーク方策の追加の情報としてモデル予測を使用する．I2As で提案された着想は，学習済みのモデルから予測を解釈する抽象表現を学習し，暗示的な計画を構築することである．

TreeQN（Farquhar *et al.*, 2017）は，行動価値をより正確に推定するために，Q 値の推定により構築された暗示的な状態空間において，状態遷移を再帰的に実行することで，木を構築する．Farquhar *et al.*（2017）は，確率的な方策ネットワークを形成するために，**ソフトマックス**（softmax）層で TreeQN を拡張したアクター・クリティックの変形である ATreeC も提案している．

抽象表現による結合強化学習（combined reinforcement via abstract representations; CRAR）（François-Lavet *et al.*, 2018）エージェントは，要約された抽象表現を捉え，効率的な計画を行うことを目的として，環境で学習され共有された低次元の符号化を通じて，価値関数とモデルの両方を学習する．CRAR の手法は，豊かな表現を活用することで，たとえ一時的に報酬から離れている，もしくは，モデルフリー手法の目的関数がない場合でも，環境の解釈可能な低次元の表現を構築することができる．

モデルフリーとモデルベースの発想の組み合わせを追求することは，深層強化学習アルゴリズムの将来の発展のために重要である．それゆえ，より賢明で表現豊かな構造を持った手法の開発が期待される．

第7章 汎化性

汎化性（generalization）は機械学習分野における中心的な概念であり，強化学習においても同様である．強化学習アルゴリズムでは（モデルフリーであれ，モデルベースであれ）汎化性は次のことを表す．

- 限られた数のデータが収集された環境において，高い性能を実現する能力
- 類似した環境において，高い性能を獲得する能力

前者は，エージェントが，訓練された環境と同様の評価環境において，どのように振る舞うかを学習する必要がある場合である．その場合，汎化性の考え方は**サンプル効率**（sample efficiency）の概念に直結する（たとえば，状態・行動空間が，その全部を経験するには広すぎるなど）．後者は，評価環境は訓練環境と共通するパターンを持つが，ダイナミクスや報酬は異なる，というような場合である．たとえば，支配するダイナミクスは同じであっても，観測には何らかの変換が起こるかもしれない（雑音や特徴量の変化など）．これは，**転移学習**（transfer learning）（10.2 節参照）や**メタ学習**（meta-learning）（10.1.2 項参照）の考え方と関連する．

オンライン問題設定では，多くの場合，1 つの**ミニバッチ**（mini-batch）における勾配更新を各ステップで行う．その場合，この分野では，どれほどアルゴリズムが高速に学習できるかを指して，サンプル効率という用語を用いてきた．これは，与えられたステップ数に対する性能の観点から計測される（訓練ステップ数＝観測された遷移数）．一方，この問題設定では，結果はさまざまな要素に影響される．まず，学習アルゴリズムに依存する．たとえば，モデルフリー学習にお

ける標的値がとりうる分散に影響を受ける．また，探索・活用にも依存するが，これについては 8.1 節で議論する（たとえば，不安定性は良い性質かもしれない）．最後に，実際の汎化能力に依存する．

本章の目標は，特に汎化の側面を理解することである．ここでは，ミニバッチの勾配降下ステップの必要数などではなく，エージェントが限られたデータで学習するオフライン設定において深層強化学習アルゴリズムがどれほどの性能を発揮できるかに焦点を絞る．そこで，評価環境とまったく同じタスクから得られた有限データ集合 D が与えられた場合を考えてみよう．形式的に，エージェントが利用可能なデータ集合 $D \sim \mathcal{D}$ を，独立かつ同一に（**独立同一分布**（i.i.d.））[*1]，

- $\mathbb{P}(s,a) > 0$，$\forall (s,a) \in \mathcal{S} \times \mathcal{A}$ の固定的な分布から得られる所与の数の状態・行動の対 (s,a)
- 次の状態 $s' \sim T(s,a,\cdot)$
- 報酬 $r = R(s,a,s')$

をサンプリングすることにより得られた 4 つ組 $< s,a,r,s' > \in \mathcal{S} \times \mathcal{A} \times \mathcal{R} \times \mathcal{S}$ の集合として定義する．特殊な場合として，組み合わせの数が無限になるデータ集合 D を，D_∞ で表す．

学習アルゴリズムは，（モデルベースかモデルフリーかにかかわらず）データ集合 D の方策 π_D への写像と見ることができる．この場合，期待報酬の準最適性は，次のように分解することができる．

$$
\begin{aligned}
&\mathop{\mathbb{E}}_{D\sim\mathcal{D}}\left[V^{\pi^*}(s) - V^{\pi_D}(s)\right] \\
&\quad = \mathop{\mathbb{E}}_{D\sim\mathcal{D}}\left[V^{\pi^*}(s) - V^{\pi_{D_\infty}}(s) + V^{\pi_{D_\infty}}(s) - V^{\pi_D}(s)\right] \\
&\quad = \underbrace{\left(V^{\pi^*}(s) - V^{\pi_{D_\infty}}(s)\right)}_{\text{漸近偏り}} \\
&\qquad + \underbrace{\mathop{\mathbb{E}}_{D\sim\mathcal{D}}\left[V^{\pi_{D_\infty}}(s) - V^{\pi_D}(s)\right]}_{\text{データ集合 } D \text{ の大きさの有限性に起因する誤差}}
\end{aligned}
\tag{7.1}
$$

[*1] i.i.d. の仮定は，たとえば，任意の与えられた状態において非ゼロの確率で任意の行動をとることが保証された確率的サンプリング方策に従う初期状態の分布から得られる．そのようなサンプリング方策は，与えられた初期状態の分布から H 未満のステップ数で MDP のいかなる状態にも到達できるという仮定のもとで，少なくとも H 時間ステップの間，使われなければならない．

この分解は，次の 2 つの項目を強調する．すなわち，(i) データの量に無関係な**漸近偏り**（asymptotic bias），および (ii) データの量が限られているという事実に直接関連する過適合の項である．データ集合 D から方策 π_D を構築する目的は，全体の準最適性を最小にすることである[*2]．そのため，強化学習アルゴリズムは，タスク（もしくはタスクの集合）にしっかり適応する必要がある．

前章では，2 つの異なる手法（モデルベースおよびモデルフリー），および，それらをどのように組み合わせるかを論じた．これらはさまざまな手法に用いられるが，実は，偏り・過適合のトレードオフに影響を与える多くの重要な要素については，無視していた（深層強化学習の過適合の図については，たとえば Zhang *et al.*, 2018c; Zhang *et al.*, 2018a を参照）．

図 7.1 に示すように，汎化性を改善することは，(i) 頻度主義的仮説を完全に信頼した（すなわち，限られたデータの分布における不確実性を無視した）ことによる誤差と，(ii) 過適合の危険性を削減するために導入された偏りに起因する誤差，との間のトレードオフと見なせる．たとえば，関数近似器は，偏りを生じる危険性を冒しつつ強制的に汎化を実現する形式的構造と見なせる．データ集合の質が低いときには，学習アルゴリズムはより頑健な方策（つまり，より高い汎化能力を持つ，より単純な方策を検討するとよい）を好むであろう．データ集合の質が向上すると，過適合の危険性は低くなり，学習アルゴリズムはデータをより信頼できるようになって，漸近偏りを削減できることになる．

図 7.1　偏り・過適合のトレードオフの直観的な説明

---

*2 【訳注】準最適は最適でないことを意味するため，準最適性を最小にすることは最適に近づくことを表す．

後に見るように，実用上，多くのアルゴリズムの選択において，本書で単純に「偏り・過適合のトレードオフ」と呼ぶ，漸近的な偏りと過適合の間で形成されるトレードオフが存在する．本章では，深層強化学習の汎化性を改善したいと思うときに重要となる次の要素を議論する．

- 状態の表現
- 学習アルゴリズム（関数近似器の種類，およびモデルベースかモデルフリーか）
- 目的関数（たとえば，報酬成形，学習の割引率のチューニング）
- 階層的学習の利用

議論のために，次の単純な例を考える．この例は決して実世界の問題の複雑さを表現しているとは言えないが，ここでは議論する概念を簡単に理解することを優先する．状態の個数が $N_{\mathcal{S}}$（$= 11$），行動の個数が $N_{\mathcal{A}}$（$= 4$）である MDP を考える．図 7.2 に示すように，環境の主要な部分は 3×3 の格子からなる世界であると考える（各格子は，$x = \{0, 1, 2\}$ および $y = \{0, 1, 2\}$ からなる (x, y) の組み合わせで表現される）．エージェントは中央の状態 $(1, 1)$ からスタートする．各状態において，4 つの行動，すなわち 4 つの基本的な方向（上下左右）のうち 1 つを選択する．これにより，エージェントは，領域外に移動しようとするときを除き，隣接する状態に確定的に遷移する．領域の上下部分で，エージェントが領域外に出ようとする場合は，同じ状態で留まる．左のほうでは，エージェントは与えられた状態に確定的に遷移し，次の時間ステップのいかなる行動に対しても 0.6 の報酬を得る．正方領域の右側では，エージェントは 25% の確率で次に報酬 1（それ以外の状態に対しては報酬は 0）を得る別の状態へと遷移する．報酬が与

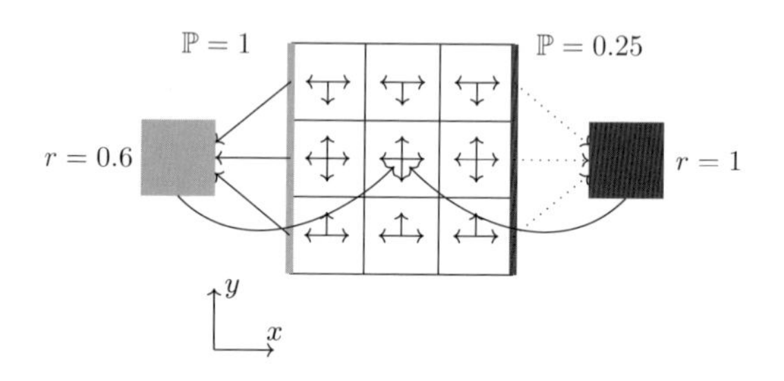

図 7.2　汎化の必要性を示す単純な MDP の表現

えられると，エージェントは中央の状態に戻る．

この例では，エージェントが環境に関して完全な知識を持つとすると，（1 に近い割引率においては）最高の累積期待報酬は常に左方向への移動を繰り返し，0.6 の報酬を 3 ステップごとに集めることである（1 の報酬を平均 6 ステップごとに集めるのではなく）．各 $< s, a >$ の組に対して 1 組の経験 $< s, a, r, s' >$ だけを持つ MDP から制限された情報のみが得られる場合を考えてみよう．限られたデータに従うと，頻度主義的な仮定では，比較的高い確率（約 58%）で，少なくとも右側から 1 回移動すると必ず $r = 1$ が得られるように見える．この場合，モデルベースかモデルフリーかにかかわらず，学習アルゴリズムが頻度主義的な統計で構築された経験的 MDP における最適方策に辿り着くなら，アルゴリズムは報酬 $r = 1$ を得る選択をするであろうから，実際の汎化性は低くなるだろう．

ここからは，限られたデータへの過適合を避けるために利用できる別手法について議論する．すなわち，多くの場合，多少の偏りを生じるという犠牲を払いながらも，さまざまな方策のうち頑健なものを選ぶことで，過適合が防げることを示す．最後に，限られたデータから最高の性能を得るために，偏り・過適合のトレードオフが実用上どのように利用されるかについて議論する．

7.1　特徴選択

目の前のタスクに対して適切な特徴を選択することは機械学習全体で重要だが，強化学習でも一般的である（たとえば，Munos and Moore, 2002; Ravindran and Barto, 2004; Leffler *et al.*, 2007; Kroon and Whiteson, 2009; Dinculescu and Precup, 2010; Li *et al.*, 2011; Ortner *et al.*, 2014; Mandel *et al.*, 2014; Jiang *et al.*, 2015a; Guo and Brunskill, 2017; François-Lavet *et al.*, 2017 を参照）．適切なレベルの抽象化は，偏り・過適合のトレードオフにおいて重要な役割を果たす．コンパクトでありながら情報量の多い**抽象表現**（abstract representation）を利用する重要な利点の 1 つは，汎化性の改善である．

過適合：方策の基本となるさまざまな特徴（図 7.2 の例では，図 7.3 に示すように y 座標の状態）を考える際に，強化学習アルゴリズムは，過適合に繋がる突発的な相関の影響を受けてしまうかもしれない（前述の例では，限られたデータしかないため，エージェントは y 座標が期待報酬に影響を与えると

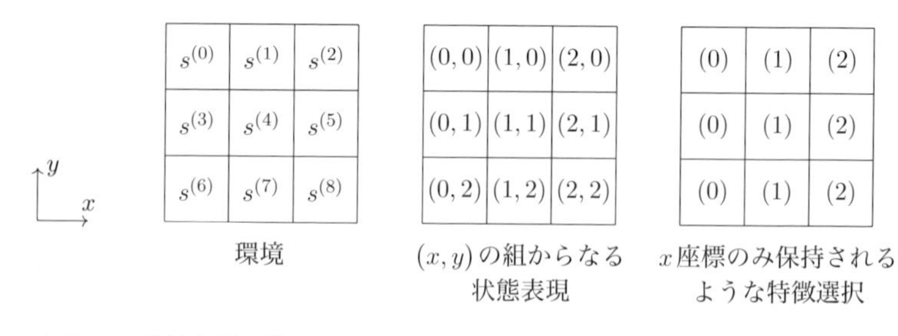

図 7.3　状態表現と特徴選択の過程．この場合，特徴選択過程の後，x 座標が同じであるすべての状態は区別が付かないものと見なされる．

推論してしまうかもしれない)．

漸近偏り：ダイナミクスにおいてまったく異なる役割を持つ状態を区別する特徴を取り除いてしまうと，漸近偏りが生じる．このような状態では，同じ方策が区別の付かない状態に適用され，結果的に準最適な方策になる．

深層強化学習の一手法として，観測からその生成要素に分解された集合をまず推論するというものがある．これは，たとえば，符号化器・復号化器から派生した構造で実現される (Higgins *et al.*, 2017; Zhang *et al.*, 2018b)．次に，これらの特徴量は，強化学習アルゴリズムの入力として利用される．学習された表現は，場合によっては，一般化にかなり寄与する．というのも，それは過適合しにくい単純な表現を与えるためである．しかし，自己復号化器は，多くの場合強すぎる拘束である．一方，いくつかの特徴は，目の前のタスクには無関係だが (たとえば，自動運転の場合における車の色情報)，観測の復元に重要だという理由で，抽象表現に保持される．逆に，特に画素空間における観測 x の一部のみを捉えるようなときには，情景全体の重要な情報は，**潜在表現** (latent representation) でも失われる (Higgins *et al.*, 2017)．深層強化学習の問題設定では，抽象表現は深層学習の利用と絡み合っている．それについては次章で詳細に議論する．

7.2　学習アルゴリズムと関数近似器の選択

深層学習における関数近似器は，高いレベルへの抽象化において特徴量がどのように扱われるかを決定する (そして，そのため一部の特徴量に異なる重みを付ける)．たとえば，もし注意機構が深いニューラルネットワークの最初の層にあるとすれば，その最初の層が形成する写像は**特徴選択**（feature selection）機構と考えることができる．

一方，価値関数，方策，モデルのうち，一部もしくはすべてに用いる関数近似器が非常に単純である場合には，漸近偏りが生じるかもしれない．また，データ集合の大きさが限られている場合には，大きな誤差を生じることもある（過適合）．上記の例では，モデルベースもしくはモデルフリーの手法と関数近似器をうまく選択することで，状態の y 座標が x 座標ほど重要でないことを推論し，方策へと汎化することができた．

モデルフリーかモデルベースかによらず，タスクに特化して効果を発揮する関数近似を見つけることはそれほど難しくない．したがって，6.2 節で議論したように，どちらかに決め打ちするという選択も，汎化性を改善するためには重要である．

情報を持たない特徴量の影響を和らげる 1 つの方法は，タスクに適合した一連の記号則をエージェントに獲得させ，より抽象的なレベルで推論させることである．この抽象的なレベルの推論と汎化性の改善は，転移学習や**類推**（analogical reasoning）などの，高いレベルの認知機能に繋がる可能性がある（Garnelo *et al.*, 2016）．たとえば，関数近似器に**関係学習**（relational learning）構造を組み込めば（Santoro *et al.*, 2017），**関係強化学習**（relational reinforcement learning）の考え方を実現することができる（Džeroski *et al.*, 2001）．

7.2.1　補助タスク

深層強化学習の文脈では，Jaderberg *et al.* (2016) により，複数の補助タスクで共有された表現で強化学習のエージェントを訓練することで，学習のサンプル効率を大幅に改善できることが示されている．これは，次の観測における画素変化予測，およびエージェントのニューラルネットワークにおける一部の隠れユニットの活性化の予測に関わる**疑似報酬関数**（pseudo-reward function）や，**即時報酬予測**（immediate reward prediction）（$\gamma = 0$）など，複数の目的を同時最適化することで実現される．重要なのは，関連するタスクを学習すると帰納的偏りが生じ，それによりさまざまなタスクで役立つニューラルネットワークの特徴量をモデルが構築できるようになる（Ruder, 2017）ということである．このように，より重要な特徴量を構成することにより，過適合は減少する．

深層強化学習では，意味のある内部ダイナミクスと最適方策の期待値の推定を同時に当てはめるのに十分な情報を与える，抽象的な状態を構築することができる．CRAR エージェント（François-Lavet *et al.*, 2018）は，状態表現と近似エントロピー最大化罰則を通じてモデルフリーとモデルベースの両方の要素を明示的に学習することにより，タスクの低次元表現を学習する方法を示している．さらに，この手法では，モデルフリーとモデルベースの組み合わせを直接利用でき，計画はより小さな潜在状態空間で行われる．

7.3　目的関数の修正

深層強化学習アルゴリズムにより学習された方策を改善するのに，実際の目的と異なる目的関数を最適化することもできる．通常はそうすると偏りが生じるが，これが汎化に役立つ場合がある．目的関数を修正する主な手法は，(i) タスクの報酬を変更して学習を容易にする（報酬成形）か，(ii) 訓練時の割引率を調整するかのいずれかである．

7.3.1　報酬成形

報酬成形（reward shaping）は，高速学習のための経験則である．実際には，報酬成形は，望ましい結果に繋がる行動に対し，中間報酬を与える形で事前知識を活用する．これは通常，元の MDP（Ng *et al.*, 1999）の報酬関数 $R(s, a, s')$ に追加される関数 $F(s, a, s')$ として定式化される．この手法は，深層強化学習で**疎な報酬**（sparse reward）や**遅延報酬**（delayed reward）の場合に学習過程を改善するためによく使用される（Lample and Chaplot, 2017 など）．

7.3.2　割引率

エージェントが利用するモデルをデータから推定する場合，より短い計画区間で見つけた方策が，真の区間で学習した方策より優れていることも，実際にありうる（Petrik and Scherrer, 2009; Jiang *et al.*, 2015b）．計画区間を人為的に短縮すると，目的関数が修正され，偏りを生じる．一方，対象として長い計画区間をとると（割引率 γ が 1 に近い場合），過適合の危険性は高まる．この過適合は，直感的には，データから推定した遷移および報酬と，実際の遷移および報酬確率との誤差が蓄積することにより引き起こされると理解すればよい．上記の例（図 7.2）で有限のデータを用いたときに，右上または右下の状態が必ず $r = 1$ となる場合には，より長いステップ，すなわち遷移（および報酬）のさらなる不確実性が必要だと考えられるだろう．訓練時の割引率が低いと，時間的に遠い報酬の影響は減少する．この例では，0 に近い割引率は，2 時間ステップ先の報酬よりも 3 時間ステップ先の推定報酬を大幅に割り引くため，x 軸に沿って移動するだけの報酬と比べ，コーナーを通過することで得られる可能性のある報酬を放棄することになる．

偏り・過適合のトレードオフに加え，割引率が高いと収束が不安定になる可能性があるため，価値反復アルゴリズムでは特別な注意が必要である．この効果は，割引率が高いときに誤差をより強く伝播するブートストラップを行う価値反復アルゴリズム（Q 学習アルゴリズムの式 (4.2) など）で使用される写像によるものである．この問題は，Gordon（1999）が，**非拡張・拡張写像**（non-expansion/expansion mapping）の概念を使用して議論している．深層強化学習の価値反復アルゴリズムでブートストラップを使用すると，価値関数が不安定になり過大評価される危険性は，経験的に言って，割引率が 1 に近いほど高くなる (François-Lavet *et al.*, 2015).

7.4 階層的学習

時間的に長い行動を学習する試み (1 つの時間ステップで継続する**アトミックアクション**（atomic action）とは対照的に）は，**オプション**（option）という名前で定式化された (Sutton *et al.*, 1999). 同様の考え方は，**マクロアクション**（macro action）（McGovern *et al.*, 1997）や**抽象行動**（abstract action）（Hauskrecht *et al.*, 1998）などの文献でも見られる．汎化能力や戦略の簡単な転移学習が発展する中で，長時間作業させなければならないタスクでは，オプションの利用は欠かせないので，これは強化学習の重要な課題である．最近のいくつかの研究は，完全微分可能な（したがって，深層強化学習の枠組みで学習可能な）オプションの発見において興味深い結果をもたらした．Bacon *et al.*（2016）は，オプションの内部方策と終了条件，およびオプションの上位方策を同時に学習する機能を備えた**オプション・クリティック**（option-critic）構造を提案した．Vezhnevets *et al.*（2016）の研究では，深い再帰型ニューラルネットワークが，2 つの主要なモジュールで構成されている．1 つのモジュールは行動計画（将来の行動の確率的計画）を生成し，もう 1 つのモジュールは行動計画をいつ更新または終了する必要があるかを決定するコミットメント計画を継続的に実行する．これらの手法から派生した多くの手法も興味深い（たとえば，Kulkarni *et al.*, 2016; Mankowitz *et al.*, 2016）．このように，階層的学習を実行できる学習アルゴリズムは，良い特性を持つ方策を制約したり優先したりして汎化性を向上させるのに有効である．

7.5　最良の偏り・過適合のトレードオフの獲得

ここまでで見てきたように，偏り・過適合のトレードオフ（モデルベース，モデルフリーの選択を含む）に影響を与えるアルゴリズムの選択肢とパラメータは，明らかに多種多様である．これらすべての要素全体を組み合わせたとしても，全体としての準最適性は改善しない．

アルゴリズムのあるパラメータ設定に対して，他の全要素を変更しないとしたときの複雑さは，偏りの増加が過適合の減少と同等（または過適合の増加が偏りの減少と同等）になるところで適切なレベルになる．しかし実際には，ほとんどの場合，すべてのアルゴリズムの選択とパラメータとの間の適切なトレードオフを見つける解析的手法はない．それでも，実用的にはさまざまな戦略が利用できる．ここでは，バッチ設定の場合とオンライン設定の場合について説明する．

7.5.1　バッチ設定

バッチ設定の場合で，訓練に使用しない部分データ集合 D の軌道（つまり，**検証集合**（validation set））から良さの基準を推定できるのであれば，偏り・過適合のトレードオフのバランスをとる効果的な方策パラメータ決定は，教師あり学習（たとえば，**交差検証**（cross validation））の場合と同じように実現できる．

回帰により MDP モデルをデータに当てはめる（または，単に有限の状態空間および行動空間に対して頻度主義的統計を使用する）のは，1 つの解決法である．その後，経験的 MDP を使用して方策評価をする．この純粋にモデルベースである推定量の代わりに，モデル当てはめの必要がない方法がある．1 つの可能性として，モデルを明示的に参照しないでデータから人工的な軌道を生成することで得られた方策を評価し，**モデルフリーのモンテカルロ**（model-free Monte Calro; MFMC）的な推定器を設計することが考えられる（Fonteneau *et al.*, 2013）．ほかにも，**重要度サンプリング**（importance sampling）の考え方を利用する方法がある．この方法は，挙動方策 $\beta \neq \pi$ が既知であると仮定して，そこから得られた軌道により，$V^{\pi}(s)$ の推定値を獲得する（Precup, 2000）．通常，これは偏りを生じないが，区間内で分散が指数関数的に大きくなるため，データ量が少ないときには不安定になる．回帰に基づく手法と重要度サンプリング法を組み合わせることもできる（Jiang and Li, 2016; Thomas and Brunskill, 2016）．この考え方は，偏りがなく重要度サンプリング推定量より分散が小さい**2重ロバスト推定量**（doubly robust estimator）を使用する．

エージェントが環境のダイナミクスを知っていても，限られたデータしかエージェントに与えられない外因時系列（たとえば，エネルギー市場での取引や，気象依存ダイナミクス）に環境のダイナミクスが依存する場合がありうることに注意が必要である．そのような場合には，外来信号を訓練時系列と検証時系列に分解するとよい（François-Lavet *et al.*, 2016）．これにより，訓練時系列の環境での訓練が可能となり，検証時系列の環境でどんな方策でも推定できるようになる．

7.5.2 オンライン設定

オンライン設定では，エージェントは新たな経験を継続的に収集する．偏り・過適合のトレードオフは，高いサンプル効率を達成するために，学習過程の各段階で依然として重要な役割を果たす．実際，所与のデータから得られた効果的な方策は，効率的な探索・活用のトレードオフに対する解決策の一部となる．そのため，データが入手できるにつれて段階的に関数近似器を当てはめていくことは，学習全体を通じて偏り・過適合のトレードオフを改善するための実践的な方法と解釈できる．同じ論理で，割引率を徐々に増やしていくと，学習を通じ偏り・過適合のトレードオフを最適化できる（François-Lavet *et al.*, 2015）．さらに，偏り・過適合のトレードオフが最適化できれば，特徴空間や関数近似器を動的に適応させられる可能性も見えてくる．たとえばこれは，適当な正則化によって，または**NET2NET変換**（NET2NET transformation）（Chen *et al.*, 2015）などを使ってニューラルネットワーク構造を適応させることで実現できる．

第8章
オンライン問題に特有の課題

前章で議論したように，強化学習は (i) バッチ設定（オフライン設定とも呼ばれる）と (ii) オンライン設定の 2 つの設定で利用できる．バッチ設定では，タスクを学習するための遷移 (s, a, r, s') の全集合は固定される点が，エージェントが徐々に新しい経験を収集することができるオンライン設定とは対照的である．オンライン設定についてまだ深く議論していない要素が 2 つある．まず，エージェントは学習にとって最も有益となるように，経験の集め方に影響を与えることができる点である．これは 8.1 節で議論する，探索・活用のジレンマである．次に，エージェントはデータ効率を改善するために，再生記憶（Lin, 1992）を利用することができる点である．8.2 節で何の経験を記憶するか，どのようにして経験を再処理するかについて議論する．

8.1 探索・活用のジレンマ

探索・活用のジレンマは，強化学習においてよく研究されているトレードオフである（たとえば Thrun, 1992）．探索は，（遷移モデルや報酬関数の）環境に関する情報を得ることである．一方，活用は，現在の知識に基づいて期待収益を最大化させることである．エージェントは，環境について知識を蓄積し始めると，その環境に関してより広く学習（探索）するか，これまで集められた経験で最も見込みのある戦略を引き続き使用（活用）するかのトレードオフを行わなければならない．

8.1.1　探索・活用のジレンマにおけるさまざまな設定

2つの異なる設定がある．1つ目の設定では，エージェントは，追加の訓練なしに高い性能を発揮することが期待される．したがって，明示的な探索・活用のトレードオフが生じるのは，エージェントによる探索が，単なる活用で得られるはずのものを将来補うのに十分なだけの価値を与える場合に限られる．この状況で得られたアルゴリズムの準最適性 $\mathbb{E}_{s_0} V^*(s_0) - V^\pi(s_0)$ は，**累積後悔** (cumulative regret) として知られている[*1]．深層強化学習の分野では，Wang *et al.* (2016a) や Duan *et al.* (2016b) のような研究で明示的に述べられている例を除き，累積後悔はあまり注目されていない．

より一般的な設定では，環境と相互作用する初期段階で，データを収集し評価方策を学習するために，エージェントは訓練方策に従うことができる．その訓練段階では，探索は環境を作り出す相互作用の条件で拘束される（たとえば，相互作用の回数）．評価方策は，別の相互作用の段階で，累積報酬を最大化できるはずである．この場合の準最適性 $\mathbb{E}_{s_0} V^*(s_0) - V^\pi(s_0)$ は，**単純後悔** (simple regret) として知られている．暗示的な探索・活用はさらに重要であることに注意されたい．エージェントは，環境のよく知らない部分は見込みがないことを保証しなければならない（探索）一方で，ダイナミクスに関する知識を洗練するために，環境の最も見込みのある部分で経験を集めること（活用に関係する）にも興味があ

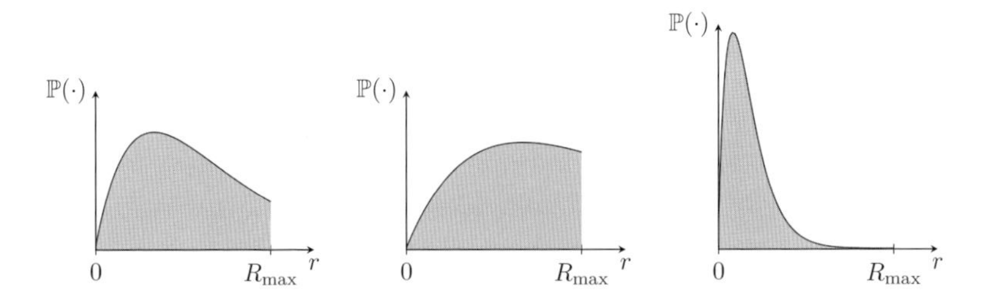

図 8.1　多腕バンディットタスクにおける3本のアームの報酬の確率

---

*1 この用語は，エージェントが唯一の固定された状態にあり，それぞれの行動に報酬の分布が付随する**バンディットタスク** (bandit task) で主に使用されている（たとえば Bubeck *et al.*, 2011 を参照）．【訳注】バンディットタスクの一例として，アームがあるスロットマシンが挙げられる．アームを引くと，スロットマシンがある確率で報酬を与える．確率はアームごとに異なり，どのアームを引けば報酬が最大になるかを考えることがタスクとなる．

る．たとえば，図8.1に示す多腕バンディットタスクでは，一番右の選択肢が他より見込みが低いことは，数回のサンプリングで明らかになるはずであり，エージェントは，他の2つのアームで経験を収集して，最良のアームを決定するはずである．

8.1.2　探索に関するさまざまな手法

探索の手法は，(i) 指向探索と (ii) 無指向探索の2つに分類される（Thrun, 1992）．無指向探索の手法では，エージェントは環境特有の知識に依存せずに探索を行う（Thrun, 1992）．たとえば，ϵ-グリーディと呼ばれる手法は，確率 ϵ で無作為な行動をとり，確率 $1-\epsilon$ で最適だと信じる方策に従う．ソフトマックス探索（ボルツマン探索とも呼ばれる）のような他の派生手法は，期待報酬に依存した確率で行動をとる．

無指向探索とは逆に，指向探索の手法は過去における環境との相互作用記憶を利用する．MDPにおいて，指向探索は状態空間の大きさに対して多項式的に拡大し，一方，無指向探索は一般的に状態空間の大きさに対して指数関数的に拡大するだろう（たとえば，Kearns and Singh（2002）による明示的な探索および活用（E^3）や，Brafman and Tennenholtz（2003）によるR-maxなど）．指向探索は，ベイジアン設定を用いると，探索時に追加報酬を与えるような経験則を通じて（Kolter and Ng, 2009），もしくはシャノン情報量を最大化させることによって（たとえばSun *et al.*, 2011）行える．

ただし，指向探索は，高次元の状態空間に適用することが困難である（たとえばKakade *et al.*, 2003）．深層学習の汎化能力の向上に伴い，いくつかの可能性が調査されてきた．重要な課題は，高次元空間において，データ不足によって不確実性が最も高くなる部分の探索を行う考えに基づいて，探索・活用のトレードオフを理にかなった方法で扱うことである．報酬が疎でないとき，価値関数における不確実性の計測値を利用して，探索を駆動することができる（Dearden *et al.*, 1998; Dearden *et al.*, 1999）．報酬が疎であるときは，トレードオフの扱いはより困難となり，新たに観測（もしくはマルコフ過程における状態の計測）を行って，探索を追加しなければならない．

深層強化学習の設定に関して提案されてきたさまざまな手法を議論する前に，DQNのような初期の深層強化学習アルゴリズムの成功は，自然に生じた探索によってもたらされたことに注目したい．確かに，単純な ϵ-グリーディのオンライン計画に従うことは，探索を駆動する Q ネットワークの不安定さのために，すでに比較的効率的である（ニューラルネットワークで適合された Q 学習アルゴリズムでブートストラップを利用するとき，なぜ不安定になるかについては，第 4 章を参照）．

そのような観察に基づいて，さまざまな改善が検討されている．たとえば，ブートストラップ DQN（Osband *et al.*, 2016）の手法は，無作為化された価値関数を明示的に使用する．似たような考え方として，ドロップアウト Q ネットワーク（Gal and Ghahramani, 2016）や，それらの重みに加えられたパラメトリックノイズ（Lipton *et al.*, 2016; Plappert *et al.*, 2017; Fortunato *et al.*, 2017）で与えられた不確実性を推定する確率論的手法によって，効率的な探索が獲得されてきた．特殊な例として，Fortunato *et al.*（2017）による手法は，ベイジアン深層学習に似て，分散パラメータを強化学習の損失関数から勾配降下によって学習する．

他の一般的な手法として，新規性を推定する経験則から，探索報酬をエージェントに与えることで，指向的な計画を得るものがある（Schmidhuber, 2010; Stadie *et al.*, 2015; Houthooft *et al.*, 2016）．Bellemare *et al.*（2016）や Ostrovski *et al.*（2017）は，似た状態に対してある行動が何回とられるかを推定する密度モデルを恣意的に作り，疑似的に回数を数えることで，新規性の概念を与える．これは，アタリ 2600 の最も難しいゲームの 1 つであるモンテズマの逆襲（Montezuma's Revenge）で良い結果を示した．

Florensa *et al.*（2017）では，探索を改善し，複数の技能にわたる上位の方策を訓練するために，実環境にも応用可能な事前訓練の環境で有用な技能を学習する．類似して，補助タスクの集合を学習するエージェントが，環境を効率的に探索するために事前訓練の環境で得た技能を使用する方法がある（Riedmiller *et al.*, 2018）．これらのアイデアは，Machado *et al.*（2017a）で研究されているオプションの生成にも関連している．ここでは，原型価値関数から導出された状態表現において，特定の修正に繋がるオプションを学習することで，探索の問題に取り組めることが示唆されている．

探索の戦略は，計画と同時に環境のモデルを使用することもできる．その場合，Salge *et al.*（2014），Mohamed and Rezende（2015），Gregor *et al.*（2016），Chiappa *et al.*（2017）で提案された戦略は，現在の状態とはなるべく異なる状態の表現を導く計画によって行動の系列を選ぶエージェントを使うことである．Pathak *et al.* (2017)，Haber *et al.* (2018) では，エージェントは，環境のモデルと，そのモデル自身の誤差や不確実性を予測するもう1つのモデルの両方を最適化する．これにより，エージェントは環境の知識に敵対的に挑戦するような行動を選べるようになる (Savinov *et al.*, 2018)．

知識が不足した状態に報酬を与えることで，環境を効率良く探索することもできる．追加報酬を決定するためには，記憶にある観測と現在の観測を比較すればよい．1つの手法は，記憶から現在の観測に到達するためにどれだけの環境のステップが必要かに基づいて報酬を定義することである (Savinov *et al.*, 2018)．あるいは，観測（たとえば，固定され，無作為に初期化されたニューラルネットワークで与えられる特徴）から特徴を予測する際の誤差と正の相関を持つ追加報酬を使用することも考えられる (Burda *et al.*, 2018)．

他の手法として，人の**模範演技** (demonstration) もしくは**誘導** (guidance) のどちらかを必要とするものがある．Kaplan *et al.* (2017) は，自然言語を用い，指導が正しく行われたときに探索のボーナスを与えることでエージェントを誘導する手法を提案している．熟練者エージェントによる模範演技が利用できる状況では，探索を誘導するためのもう1つの戦略は，質の良い軌道を模倣することである．いくつかの場合では，熟練者エージェントの模範演技の環境設定が完全には同じでないときでも，その模範演技を活用することができる (Aytar *et al.*, 2018)．

8.2　経験再生の管理

オンライン学習では，エージェントは再生記憶 (Lin, 1992) を利用することで，過去の経験を保存・再利用して，データ効率を改善できる場合がある．さらに，再生記憶は，(N_{replay} が十分に大きいとき) 自身に保存された収束・安定性に役立つ適度に安定したデータ分布から，ミニバッチ更新が行われることを保証している．過去の（異なる）方策からの経験を利用すると偏りが発生しないので，この手法は方策オフ型学習の場合に特に適している（多くの場合，探索にとっても都合が良い）．その状況においては，DQN アルゴリズムやモデルベース学習に基づく手法は，安全で効率良く再生記憶を使用できる．オンライン設定では，再生記憶は，直近の N_{replay}（$\in \mathbb{N}$）時間ステップの間に扱ったすべての情報を保持する．ここで，N_{replay} は利用できる記憶の量によって制限される．

再生記憶では，経験した順序とは異なる順序の遷移を生成できるだけでなく，優先度付き再生も利用できる．つまり，（どれを保存し，どれを再生できるかを示す）重要度に依存して，経験した頻度とは異なる頻度で起きる遷移を考慮することができる．Schaul *et al.* (2015b) は，「予期せぬ」遷移がより頻繁に再生されるという狙いのもと，優先度を，**時間差分**（temporal-difference; TD）誤差の遷移の大きさに比例して増加させている．

優先度付き再生の一般的な欠点は，偏りが生じることである．確かに，遷移と報酬の見掛け上の確率を調整することによって，期待収益が偏る．これは，図 8.2 に示すように，エージェントに要素 $< s, a >$ が与えられたときの期待収益を推定する簡単な例を考えると，あっさり理解できる．この例では，0 の累積報酬は（次の状態 $s^{(1)}$ から）確率 $1 - \epsilon$ で獲得される一方で，$C > 0$ の累積報酬は（次の状態 $s^{(2)}$ から）確率 ϵ で獲得される．その場合，優先度付き経験再生を使用すると，$s^{(2)}$ を導くすべての遷移が ϵ よりも高い確率で再生されるだろうから，ϵC よりも高い値に向けて期待収益が偏ることが予想される．

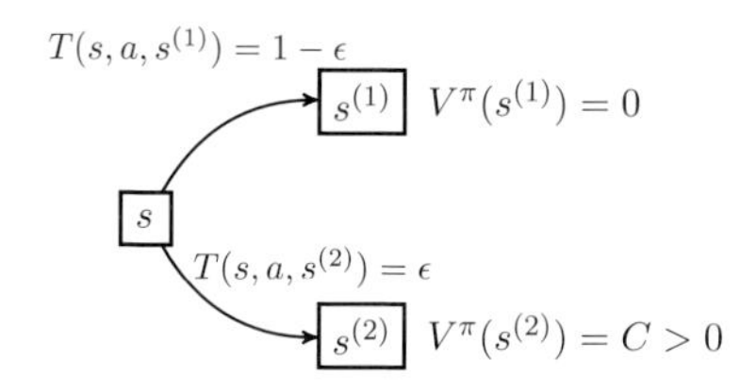

図 8.2　行動 a が与えられたときの状態 s．価値 $Q^\pi(s, a; \theta)$ は，もし優先度付き経験が使用されたら（$\epsilon \ll 1$），偏りが生じることが予想される．

重み付けされた重要度サンプリングを使用すると，この偏りは部分的もしくは完全に修正でき，この修正は，学習の終盤の収束に近いところで重要である (Schaul *et al.*, 2015b)．

第9章
深層強化学習のベンチマーク

深層学習アルゴリズムの比較は，学習過程が持つ確率的性質のため，また，アルゴリズムの比較に際して検証に用いたデータ集合の範囲が限られているため，簡単ではない．これは，深層強化学習ではさらに難しくなる．深層強化学習は環境の確率性とモデル学習に付随する確率性の両方を含むため，公平で再現性のある比較は特に難しくなる．このため，多くの逐次的意思決定タスクのシミュレーションが比較用に作られてきた．本章では，そうしたベンチマークをいくつか紹介する．次に，実験結果の一貫性・再現性を保証するための重要な要素を説明する．最後に，深層強化学習のオープンソース実装について議論する．

9.1　ベンチマークの環境

9.1.1　古典的な制御問題

強化学習アルゴリズムの評価には，いくつかの古典的な制御問題が長い間使用されてきた．これらには，台車に搭載された振り子の平衡をとる（Cartpole）(Barto *et al.*, 1983)，慣性を使用して台車を山に登らせる（Mountain Car）(Moore, 1990)，剛体リンクを慣性で振り上げ平衡をとる（Acrobot）(Sutton and Barto, 1998）などの問題が含まれる．これらの問題は，テーブル形式や線形関数近似器を用いる強化学習向けのベンチマークとして広く使用されてきた (Whiteson *et al.*, 2011)．これらの単純な環境は，最近でも，深層強化学習アルゴリズムのベンチマークに使用されることがある（Ho and Ermon, 2016; Duan *et al.*, 2016a; Lillicrap *et al.*, 2015)．

9.1.2 ゲーム

ボードゲームは，何十年間も人工知能の手法を評価するのに利用されてきた (Shannon, 1950; Turing, 1953; Samuel, 1959; Sutton, 1988; Littman, 1994; Schraudolph *et al.*, 1994; Tesauro, 1995; Campbell *et al.*, 2002)．近年では，囲碁 (Silver *et al.*, 2016a) やポーカー (Brown and Sandholm, 2017; Moravcik *et al.*, 2017) において，深層強化学習を使ったいくつかの注目すべき研究が目覚ましい成果を出した．

ボードゲームの成果に並行して，テレビゲームも強化学習アルゴリズムをより深く調査するのに使用されてきた．テレビゲームには，特に以下の特徴がある．

- 多くのゲームは大きな観測空間や行動空間を持つ．
- 特定の配慮を要する非マルコフ性を持つ（10.1 節を参照）．
- 多くの場合，非常に長い計画区間を必要とする（たとえば**疎な報酬** (sparse reward) のため）．

テレビゲームに基づいたいくつかのプラットフォームが注目を集めてきた．アーケード学習環境 (arcade learning environment; ALE) (Bellemare *et al.*, 2013) は，広範囲にわたるさまざまなタスクに対して強化学習アルゴリズムを評価するために開発された．このシステムは，ポン (Pong)，アステロイド (Asteroids)，モンテズマの逆襲 (Montezuma's Revenge) など，アタリ社の代表的なゲームを取り込んでいる．図 9.1 に，これらのゲームのうち，いくつかの画面例を示す．アタリ社のゲームの大半で，深層強化学習アルゴリズムは人を超えるレベルに達した (Mnih *et al.*, 2015)．このプラットフォームは，異なるゲー

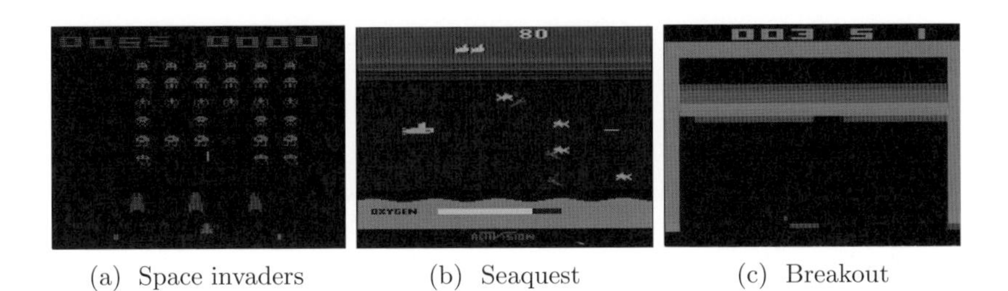

(a) Space invaders　(b) Seaquest　(c) Breakout

図 9.1 ［口絵参照］3 つのアタリ社ゲームの画面

ム間，もしくは同じゲームの異なる場面の間で状態空間や行動空間が類似していることから，強化学習アルゴリズムの汎化性（Machado *et al.*, 2017b）や，マルチタスク学習（Parisotto *et al.*, 2015），転移学習（Rusu *et al.*, 2015）を評価するための良いテストベッドとなる．

汎用テレビゲーム人工知能（general video game AI; GVGAI）競技のフレームワーク[*1]（Perez-Liebana *et al.*, 2016）は，豊富な種類とさまざまな拘束条件でアルゴリズムを検証・比較するためのプラットフォームとして，構築・公開された．エージェントは，ゲームシミュレーションを利用するかどうかを考えながらさまざまな未知ゲームをプレイするか，もしくは新たなゲームレベルやルールを設計することが求められる．

VizDoom（Kempka *et al.*, 2016）は，強化学習のためのシミュレーション環境として，Doomというテレビゲームを実装する．VizDoomは，**報酬成形**（reward shaping）(Lample and Chaplot, 2017)，**カリキュラム学習**(curriculum learning)(Wu and Tian, 2016)，**予測計画**(predictive planning)(Dosovitskiy and Koltun, 2016)，**メタ強化学習**（meta-reinforcement learning）（Duan *et al.*, 2016b）の調査のために使用されてきた．

オープンワールドゲームのMinecraftも，強化学習や人工知能を探索するための便利なプラットフォームを提供する．Project Malmo（Johnson *et al.*, 2016）は，Minecraftを簡単に利用できるプラットフォームである．Project Malmoの環境とフレームワークは，単純なナビゲーションから協調による問題解決にわたる，さまざまなタスクをうまく動かすための抽象された層を提供している．こうしたシミュレーションの特性のため，**生涯学習**（lifelong learning），カリキュラム学習，**階層的計画**（hierarchical planning）などの研究が，Minecraftをプラットフォームとして進められている（Tessler *et al.*, 2017; Matiisen *et al.*, 2017; Branavan *et al.*, 2012; Oh *et al.*, 2016）．

また，Deepmind Lab（Beattie *et al.*, 2016）は，シューティングゲームのQuakeを改造した3次元プラットフォームを提供している．このフレームワークで提供されたLabyrinthという迷路環境は，階層的，生涯，カリキュラム学習

[*1] 【訳注】本書では，理論的なフレームワークに対して「枠組み」という訳語を用い，計算機上でのプログラムの集合としてのフレームワークにはカタカナを用いている．

における研究で使用されてきた（Jaderberg *et al.*, 2016; Mirowski *et al.*, 2016; Teh *et al.*, 2017）.

最後に，StarCraft II (Vinyals *et al.*, 2017) と StarCraft: Brood War (Wender and Watson, 2012; Synnaeve *et al.*, 2016) は，生涯学習，カリキュラム学習，また関連した階層的手法を探索するのに同様の効果を実現した．さらに，StarCraft シリーズと同様に，実時間戦略（real-time strategy; RTS）ゲームもマルチエージェントシステムにおいて理想的なテストベッドである．このため，いくつかの研究は StarCraft フレームワークでこの側面を調査している（Foerster *et al.*, 2017b; Peng *et al.*, 2017a; Brys *et al.*, 2014）.

9.1.3 連続的制御システムとロボット分野

ゲーム環境は，強化学習のための便利なプラットフォームを提供しているが，それらの環境の大部分は，離散的な行動決定が調査対象となっている．ロボティクスのような多くの実世界システムに対しては，連続的な制御のためのフレームワークを提供する必要がある．

その設定において，MuJoCo（Todorov *et al.*, 2012）シミュレーションフレームワークは，いくつかの歩行ベンチマークタスクに使用されている（図 9.2 参照）．これらのタスクの典型的な例として，シミュレートされたロボットのエージェントをできるだけ速く歩行させる学習タスクが挙げられる．行動空間はエージェントの関節にあるモーターに与えられるトルク量であり，提供される観測値は，典型的には関節角度や 3 次元空間における位置である．階層的問題の環境（Duan *et al.*, 2016a）やマルチタスク学習基盤（Henderson *et al.*, 2017a）を提供する

図 9.2　［口絵参照］MuJoCo 歩行ベンチマーク環境のスクリーンショット（OpenAI Gym から提供）

ために，いくつかのフレームワークがこれらの歩行問題に加えて構築されている．

MuJoCo シミュレータはソース非公開で，ライセンスが必要である．一方，Roboschool（Schulman *et al.*, 2017b）はオープンソースの構想であり，同様の歩行タスクやヒューマノイドロボットシミュレーション（障害物に進行を阻害されながら，移動する旗を走って追いかけることを学習するようなタスク）などからなる，より複雑なタスクを提供する．これらのタスクを使うと，強化学習アルゴリズムにおける複雑な計画の評価ができる．

物理エンジンは，実世界応用に対する転移学習を調査するために使用されてきた．たとえば，Bullet 物理エンジン（Coumans, Bai *et al.*, 2016）は，ゲームのキャラクターのアニメーション（Peng *et al.*, 2017b）や，実ロボットへの転移（Tan *et al.*, 2018）のために，シミュレーション上で歩行技能を学習するのに使用される．これは，ロボットアームが与えられた順番でキューブを積むマニピュレーションタスク（Rusu *et al.*, 2016; Duan *et al.*, 2017）も含む．実世界に近いロボットシミュレーションで強化学習を試せるように，いくつかの研究は Robot Operating System（ROS）を（Open Dynamics Engine（ODE）や Bullet のような）物理エンジンに統合した（Zamora *et al.*, 2016; Ueno *et al.*, 2017）．それらの大半は，そのままのソフトウェアで実ロボットシステムを動かすことも可能である．

シミュレーション環境を構築する Unity プラットフォームを活用したツールキットも存在する（Juliani *et al.*, 2018）．このツールキットは，豊富なセンサー情報と物理的複雑性を持つ学習環境の開発に加え，マルチエージェント設定も実現可能である．

9.1.4　他のフレームワーク

前述のベンチマークの多くは，オープンソースのコードが利用できる．多数のベンチマークを利用しやすいラッパー[*2]も存在する．一例は OpenAI Gym (Brockman *et al.*, 2016)[*3]である．このラッパーでは，アルゴリズム課題，ア

[*2] 【訳注】ラッパー（wrapper）とは，既存のフレームワークが提供するクラスや関数などを，別の環境から利用できるようにしたもの．

[*3] 【訳注】https://gym.openai.com/

タリ，ボードゲーム，Box2d ゲーム[*4]，古典的な制御問題，MuJoCo ロボットシミュレーション，トイテキスト問題[*5]などの環境がすぐに利用できる．Gym Retro[*6]は OpenAI Gym と似たラッパーであり，さまざまなエミュレータを用いて 1,000 種類以上のゲームを提供している．この環境の目的は，似たコンセプトを持っているものの，見た目が異なるゲームにおける深層強化学習エージェントの汎化性を研究することである．μniverse2 [*7]や SerpentAI [*8]のようなフレームワークも，特定のゲームやシミュレーションのラッパーを提供している．

9.2 深層強化学習ベンチマークにおけるベストプラクティス

科学実験においてベストプラクティスを確保することは，絶え間ない科学の進歩にとって極めて重要である．多岐にわたる分野をまたいだ再現性の調査により，多くの文献に問題があることがわかってきたため，適切な科学的実践における実験のガイドラインを提供しようという動きが生まれた（Sandve *et al.*, 2013; Baker, 2016; Halsey *et al.*, 2015; Casadevall and Fang, 2010）．これは，深層強化学習アルゴリズムを比較する際の適切な評価基準や実験実施法に関するいくつかの研究をもたらした（Henderson *et al.*, 2017b; Islam *et al.*, 2017; Machado *et al.*, 2017b; Whiteson *et al.*, 2011）．

9.2.1 試行回数，乱数シード値，有意差検定

ニューラルネットワークの初期化における無作為性と，環境における確率性の両面で，確率性は深層強化学習において重要な役割を持つ．単に乱数シード値を変えるだけでも，結果は大きく変わるかもしれない．そのため，アルゴリズムの性能を比較する際には，異なる乱数シードを用いて多くの試行を行うことが重要である．

深層強化学習では，何回か学習試行の平均をとって，アルゴリズムの効果を簡単に検証するのが一般的になってきた．これは理にかなったベンチマーク戦

[*4] 【訳注】Box2d というシミュレータを用いたゲーム群．
[*5] 【訳注】文字や文字列からなる簡単なゲーム群．
[*6] https://github.com/openai/retro
[*7] https://github.com/unixpickle/muniverse
[*8] https://github.com/SerpentAI/SerpentAI

略であるが，さらに，**有意差検定**（significance testing）に由来する手法を利用すると，ある仮説を支持する統計的根拠を示すことができる（Demšar, 2006; Bouckaert and Frank, 2004; Bouckaert, 2003; Dietterich, 1998）．深層強化学習において，有意差検定は，異なる乱数シードと異なる環境条件を持つ複数の試行から得られた標準偏差を評価するために使用できる．たとえば，簡単な**2標本 *t* 検定**（2-sample *t*-test）は，実験から得られた性能がアルゴリズムの性能によるものか，確率性が高い条件における偶然の結果によるものかに対する，1つの答えを与える．複数の試行から結果の良い上位 K 試行を選んで性能とする論文もあるが，このようなやり方は公平な比較のためには不適切であるとされるようになってきている（Machado *et al.*, 2017b; Henderson *et al.*, 2017b）．

さらに，提示された結果の過大解釈にも注意が必要である．1つか少数のハイパーパラメータの集合を用い，少数の特定の環境に対して，ある仮説が成り立つことを示すことができても，他の設定では成り立たないことが多々ありうる．

9.2.2　ハイパーパラメータの調整，切除比較

もう1つの重要な観点は，学習アルゴリズム間の公平な比較である．この点において，**切除解析**（ablation analysis）は，代替の構成を何回か乱数シードを変更しながら試行し，比較する．ベースラインのアルゴリズムが可能な限り最高の性能を発揮するように，ハイパーパラメータを調整することは特に重要である．ハイパーパラメータをうまく調整しないと，新しいアルゴリズムとベースラインの比較は不公平になる．ネットワーク構造，学習率，報酬の縮尺，学習における割引率をはじめとする多くのパラメータが，結果に大きな影響を与える可能性を持っている．新しいアルゴリズムが十分に高性能であることを実証するには，そうしたハイパーパラメータの選択において適切な科学的手順を踏むことが必要となる（Henderson *et al.*, 2017b）．

9.2.3　結果の報告，ベンチマーク環境，評価基準

評価軌道における**平均収益**（average return）（もしくは累積報酬）は，比較基準としてよく報告される．いくつかの文献（Gu *et al.*, 2016a; Gu *et al.*, 2017c）は，平均最大収益もしくは Z 標本での最大収益のような基準を用いてきたが，こ

れらは非常に不安定なアルゴリズムの結果をより有意[*9]に見せる方向に偏っている可能性がある．たとえば，あるアルゴリズムを用いたところ，高い最大収益に早い段階で到達し，そのあと分岐したとしよう．その場合でも，上記の基準はこのアルゴリズムに良い評価を与えてしまうだろう．報告のための基準を選ぶ際には，公平な比較を与える基準を選ぶことが重要である．最大収益の平均において良い性能を示す一方で，平均収益では性能が上がらないアルゴリズムについては，どちらの結果も強調した上で，そのアルゴリズムの長所と短所の両方を述べることが重要である（Henderson *et al.*, 2017b）．

報告のための評価で，どのベンチマーク環境を用いるかの選択にも同じことが言える．理想的には，実験結果はあらゆる環境の組み合わせを網羅して，アルゴリズムが良く機能する設定とそうでない設定を明確にすべきである．これは，実世界での応用における性能や適応性を明確にするのに不可欠である．

9.3　深層強化学習のオープンソースソフトウェア

深層強化学習のエージェントは，特定の構造を持つ関数近似器を伴う（モデルベースもしくはモデルフリーの）学習アルゴリズムで構成される．オンライン設定（詳細は第 8 章を参照）では，エージェントはある特定の探索・活用の戦略に従い，通常はサンプル効率化のために過去の経験の記憶を使用する．

さまざまな深層強化学習アルゴリズムの実装が，多数の論文によって公開されている．また，新しい深層強化学習アルゴリズムの効率的な開発を促進したり，既存アルゴリズムをさまざまな環境に適用したりするためのフレームワークがいくつか存在する．それらのフレームワークを巻末の付録で紹介する．

---

*9 【訳注】原著では significant であり，「優位」の変換ミスではない．より理論的な枠組みで，統計的に優れているかのように見せてしまうことに対する深い懸念を表明しているものと思われる．

第10章 MDPを超える深層強化学習

ここまで，必要なすべての情報（状態 $s_t \in \mathcal{S}$）が各時間ステップ t で取得されるマルコフ環境が与えられたときに，エージェントがどのように適切な挙動を学習するかを主に議論してきた．本章では，(i) 非マルコフ性，(ii) 転移学習，(iii) マルチエージェントシステムを伴う，より一般的な設定を議論する．

10.1　部分観測性と関連する複数環境のMDPの分布

マルコフ仮説が成り立つ領域で行動を推薦するのに，方策は過去の時間ステップで起こったことに依存する必要がないことは（マルコフ仮説の定義から）明らかである．本節では，**部分観測環境**（partially observable environment）と（関連する複数の）環境の分布という，マルコフ設定を難しくさせる2つの場合について述べる．

概念的には，それら2つの設定は，一見かなり異なる．しかしながら，両方の設定において，一連の決定過程におけるそれぞれのステップで行うべき行動を決定するとき，エージェントは現在の時間ステップ t までのすべての観測できる履歴を考慮するとよいかもしれない．言い換えると，（疑似状態は抽象的で確率的な制御過程と言えるから）観測の履歴は疑似状態として利用できる．（おそらく時間 t のずっと前にあった）観測の履歴の中の情報を少しでも見逃すと，その見逃した情報が強化学習アルゴリズムで偏りをもたらすかもしれない（第7章で，いくつかの特徴が捨てられたときについて述べた）．

10.1.1　部分観測な状況

部分観測環境では，それぞれの時間ステップで，確信を持って状態を同定できるような（環境の）観測情報は得られない．**部分観測マルコフ決定過程**（partially observable Markov decision process; POMDP）（Sondik, 1978; Kaelbling *et al.*, 1998）は，以下のような離散時間の確率的制御過程である．

定義 10.1. POMDP には，次の 7 個の要素（$\mathcal{S}$, $\mathcal{A}$, T, R, Ω, O, γ）がある．

- $\mathcal{S}$ は有限の状態の集合 $\{1, \ldots, N_{\mathcal{S}}\}$ である．
- $\mathcal{A}$ は有限の行動の集合 $\{1, \ldots, N_{\mathcal{A}}\}$ である．
- $T : \mathcal{S} \times \mathcal{A} \times \mathcal{S} \to [0, 1]$ は，遷移関数である（条件付き遷移確率の集合）．
- $R : \mathcal{S} \times \mathcal{A} \times \mathcal{S} \to \mathcal{R}$ は，報酬関数である．ここで，$\mathcal{R}$ は $R_{\max} \in \mathbb{R}^+$ の範囲でとりうる報酬の連続集合である（たとえば，$[0, R_{\max}]$ は一般性を失わない）．
- Ω は有限の観測の集合 $\{1, \ldots, N_{\Omega}\}$ である．
- $O : \mathcal{S} \times \Omega \to [0, 1]$ は，観測の条件付き確率の集合である．
- $\gamma \in [0, 1)$ は割引率である．

環境は初期状態 $b(s_0)$ の分布から始まる．それぞれの時間ステップ $t \in \mathbb{N}_0$ で，環境は状態 $s_t \in \mathcal{S}$ に属する．同時に，エージェントは行動 $a_t \in \mathcal{A}$ を選んだ後に，確率 $O(s_t, \omega_t)$ で環境の状態に依存する観測 $\omega_t \in \Omega$ を受け取る．次に，確率 $T(s_t, a_t, s_{t+1})$ で状態 $s_{t+1} \in \mathcal{S}$ に環境が遷移し，エージェントは $R(s_t, a_t, s_{t+1})$ に値する報酬 $r_t \in \mathcal{R}$ を受け取る．

完全なモデル（T, R, O）が既知のとき，POMDP の計画に**点ベース価値反復**（point-based value iteration; PBVI）アルゴリズム（Pineau *et al.*, 2003）のような手法を用いて，問題を解くことができる．完全な POMDP モデルが利用可能でないなら，他の強化学習の手法を利用しなければならない．

候補方策の空間を構築する単純な方法は，最直近の（1 つまたは複数の）観測を入力とする関数の集合を考慮することである．しかしながら，POMDP の設定においては，これはシステムのダイナミクスを捉えるには不十分な候補方策となり，したがって準最適にしかならない．その場合，達成可能な最良の方策は確率的となり（Singh *et al.*, 1994），それは方策勾配で獲得できる．代替の手法は，隠れ状態のダイナミクスをより良く推定するため過去に観測された特徴の履歴を利用することである．$\mathcal{H}_t = \Omega \times (\mathcal{A} \times \mathcal{R} \times \Omega)^t$ は $t \in \mathbb{N}_0$ における時間 t までに観測された履歴の集合を意味し（図 10.1 を参照），$\mathcal{H} = \bigcup_{t=0}^{\infty} \mathcal{H}_t$ は観測しうる全履歴の空間を意味する．

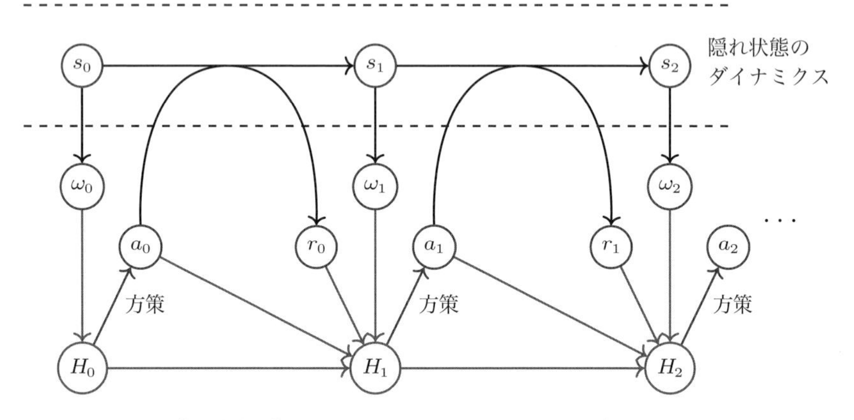

図 10.1　［口絵参照］POMDP．実際の POMDP のダイナミクスを黒色で示している．エージェントがそれぞれの時間ステップで行動を選択するために利用できる情報は，青色で示される全体の履歴 H_t である．

最も簡単な方法は，全履歴 $H_t \in \mathcal{H}$ を入力とすることである（Braziunas, 2003）．しかしながら，最適な候補方策の集合が大きくなると，一般的に次の 2 つが問題になる可能性がある．(i) この集合で探索するのにより多くの計算量が必要となる（Singh *et al.*, 1994; McCallum, 1996），(ii) データ不足のため過適合をした候補方策を含むリスクが増加し，データからの方策学習時の偏り・過適合のトレードオフに繋がる（François-Lavet *et al.*, 2017）．

一般的に，深層強化学習の場合では，強化学習の設定はより複雑であるため，教師あり学習よりも少数のパラメータや層を持った構造を利用する．しかし，教師あり学習のタスクと同様に，より工夫された，複雑な構造を利用する傾向になりつつある．畳み込み層や再帰層のような構造は，大きな入力空間を扱うのに特に適しており，優れた汎化特性を与える．大規模 POMDP のいくつかの成功例は，畳み込み層（Mnih *et al.*, 2015）や長短期記憶（LSTM）（Hochreiter and Schmidhuber, 1997）のような再帰層（Hausknecht and Stone, 2015）を利用している．

10.1.2　関連する複数の環境の分布

この設定でのエージェントの環境は，たとえば報酬関数やある状態から別の状態に遷移する確率が異なるというような，異なった（しかし関連する）タスクの分布を持つ．それぞれのタスク $T_i \sim \mathcal{T}$ は，各ステップでとる行動 $a_t \in \mathcal{A}$ の影響と同様に，観測 $\omega_t \in \Omega$（もし環境がマルコフ的であるなら s_t と同じである)，報酬 $r_t \in \mathcal{R}$ で定義することができる．部分観測な状況のときと同様に，観測の履歴は H_t で表す．ここで，$H_t \in \mathcal{H}_t = \Omega \times (\mathcal{A} \times \mathcal{R} \times \Omega)^t$ である．エージェントは，期待収益を最大化するための方策 $\pi(a_t|H_t;\theta)$ を見つけることを目指す．期待収益は，割引を考慮した設定では，以下の式で定義される．

$$\underset{T_i \sim \mathcal{T}}{\mathbb{E}}\left[\sum_{k=0}^{\infty} \gamma^k r_{t+k} | H_t, \pi\right]$$

非マルコフ的な環境におけるメタ学習の一般的な設定を図 10.2 に示す．

これまでの研究で，さまざまな手法が調査されてきた．事前分布が利用可能なら，ベイズ的手法は異なる環境の分布を明示的にモデル化することを目的とする．しかしながら，ベイズ的に最適な戦略が計算できないことが多く，明示的な分布モデルを必要としない，より実用的な手法に頼らざるを得ない．メタ学習や学習のための学習は，ある範囲のタスクにおいてどのように振る舞うか，どのように探索・活用のトレードオフを扱うかを経験から見出すことを目的とする概念である（Hochreiter *et al.*, 2001）．そのような深層強化学習手法は，たとえば Wang *et al.*（2016a）や Duan *et al.*（2016b）のような，分布から抽出した独立同一分布の環境の集合上で訓練した再帰型ニューラルネットワークを利用するアイデアを用いて調査されてきた．

ほかにもいくつかの手法が調査されてきた．1 つの可能性として，分布から引き出された MDP で，既知の最適方策の振る舞いを模倣するニューラルネットワークを訓練することが挙げられる（Castronovo *et al.*, 2017)．また，新たなタスクにおける分布から少数の勾配ステップで高速に学習できるよう，モデルのパラメータを明示的に訓練してもよい（Finn *et al.*, 2017)．

環境の分布を伴うこの設定に対しては，さまざまな用語が定着している．たとえば，**マルチタスク設定**（multitask setting）という用語は通常，短い観測の履歴でタスクを十分明確に区分できる設定で利用される．マルチタスク設定の例とし

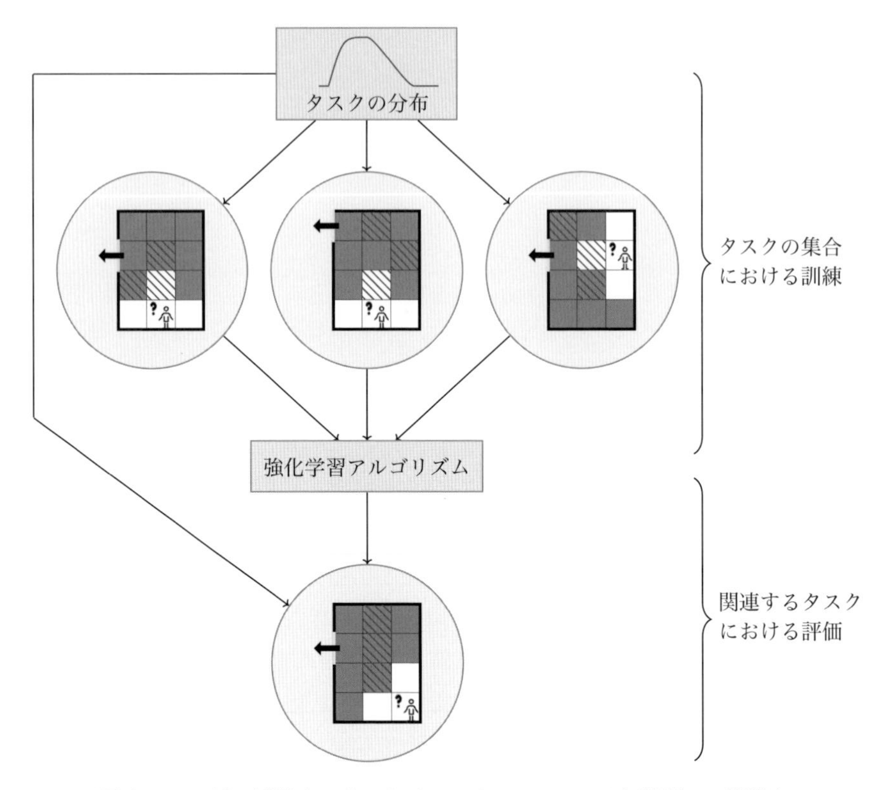

図 10.2　一連の迷路タスクにおける POMDP でのメタ学習の一般設定．この図では，エージェントは，自身から一歩離れて，環境の本質だけを見ることを想定している．

て，深層強化学習のエージェントは，57 種類のアタリ社ゲームに対して，たった 1 つの重みパラメータ集合で，人の能力の中央値を超えることができる（Hessel *et al.*, 2018）．関連する他の概念として，文脈を考慮した方策（contextual policies）（Da Silva *et al.*, 2012）や，同じダイナミクスだが多様な目標（報酬関数）を持った，学習方策もしくは価値関数を指すゴールで条件付けされた万能価値関数（universal/goal conditioned value functions）（Schaul *et al.*, 2015a）が挙げられる．

10.2　転移学習

転移学習は，目標環境で良い性能を達成するために，**元環境**（source environment）から得た過去の知識を効率的に使うタスクである．転移学習の設定では，**目標環境**（target environment）は，元タスクの分布と異なるはずである．しかしながら，後に議論するように，転移学習の概念は，実際にはメタ学習に密接に関連することもある．

10.2.1　ゼロショット学習

ゼロショット学習（zero-shot learning）は，エージェントは他の似たタスクで直接得た経験から，新しいタスクにおいても，適切に行動できなければならないという着想に基づく．たとえば，1 つの使用例は，経験を集めることができない，もしくは厳しく制約されている実世界の状況において，シミュレーション環境で学習した方策を利用する場合である（11.2 節を参照）．このためには，エージェントは (i) 第 7 章で述べられている汎化性を改善するか，(ii) 転移戦略（明示的再訓練，または一部要素の置き換え）により新しいタスクに順応するかのどちらかを利用しなければならない．

汎化性を改善させるための 1 つの手法は，教師あり学習におけるデータ拡張に似た発想を利用して，訓練データで得られていない変化を理解することである．まさにメタ学習設定（10.1.2 項）のように，もし訓練データで十分にデータが拡張されたなら，実際の（未知の）タスクは，エージェントにとって小さな変化として見えるかもしれない．たとえば，エージェントは，異なるタスクに対して同時に深層強化学習の手法を用いて訓練でき，Parisotto *et al.* (2015) は，異なるタスクで訓練されたエージェントは，正確な状態表現が決して観測されない新たな関連分野にも汎化しうることを示している．同様に，エージェントは，シミュレーション環境において，観測の異なる画像表現を与えることで訓練できる．異なる画像表現により学習した方策は，実際の画像への転移が十分可能である (Sadeghi and Levine, 2016; Tobin *et al.*, 2017)．これらの成功例の根底にある要因は，深層学習の構造が，高レベルの類似表現を持つ状態間での汎化を可能にし，異なる領域にわたって同じ価値関数と同じ方策を持つことができたことにある．Chebotar *et al.* (2018) は，シミュレーション環境の無作為化を手動で調整するのではなく，方策の挙動をシミュレーションと実世界で合わせることでシミュレーションのパラメータを調整している．ゼロショット転移における他の手法として，根本的には同じタスクを示すが，異なる画像表現を持つ状態を，類似した抽象的な状態に変換するアルゴリズムを利用するものがある（Tzeng *et al.*, 2015; François-Lavet *et al.*, 2018）．

10.2.2　生涯学習と継続学習

転移学習を達成するための具体的な方法は，生涯学習もしくは**継続学習**（continual learning）である．Silver *et al.*（2013）によると，生涯学習は，1 つ以上の分野から生涯にわたってさまざまな課題を学習することができるシステムに関連する（図 10.3 参照）．

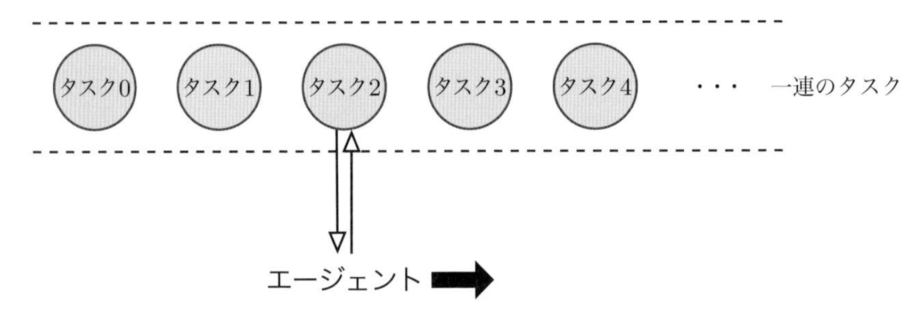

図 10.3　継続学習．エージェントは関連する（しかし異なる）タスクと連続的に相互作用し続ける．

一般的に，深層学習の構造は，ネットワークのパラメータを共有することで，多様なタスクにわたって知識を汎化させることができる．直接的な方法は，異なる環境で連続的に（たとえば方策，価値関数モデルなどの）関数近似器を訓練することである．この手法の難しさは，エージェントが，新しいタスクをより効率的に学習するために知識を保持する方法を見つけることにある．深層強化学習で知識を保持する問題は，学習後半で過去に得られたデータが消失する**破滅的忘却**（catastrophic forgetting）と呼ばれる現象のために複雑になる．

最も簡単な方法は，(i) 過去の経験から（8.2 節で議論した）経験再生を利用するか，(ii)（10.1.2 項で議論した）メタ学習設定と同様に，過去の経験をときどき再訓練するかのどちらかである．

これら2つの選択肢が利用できないとき，もしくは，2つの手法の補間として，漸進的ネットワーク（progressive network）（Rusu *et al.*, 2016）のような，忘却に対して頑健な深層学習手法を利用することができる．その着想は，過去に学習されたニューラルネットワークの特徴を（固定したまま）横方向に結合することで，過去の経験を新しい各タスクにおいて活用することである．破滅的忘却を制限する他の手法として，過去のタスクで重要な重みの学習を遅らせたり（Kirkpatrick *et al.*, 2016），階層構造を持つ技能に学習を分解したりする（Stone and Veloso, 2000; Tessler *et al.*, 2017）方法がある．

10.2.3 カリキュラム学習

継続学習の特別な設定は，カリキュラム学習である．この手法では，目標タスクに対する最終性能や学習速度が向上するように，訓練に使う一連の元タスクを明示的に設計する．目標タスクの小さく簡単な側面を学習することから始めて，難しさのレベルを徐々に上げていくことが，カリキュラム学習の着想である（Bengio *et al.*, 2009; Narvekar *et al.*, 2016）．たとえば，Florensa *et al.* (2018) は，いつも適切な難しさになるように，敵対的生成訓練を利用して，文脈を考慮した方策における目標を自動的生成する．難しさとタスク数が増加するにつれて，偏り・過適合のトレードオフを解決する方法として，学習を通じてネットワークを変形させることが挙げられる．

10.3 明示的な報酬関数を持たない学習

強化学習において，報酬関数は，（与えられた環境と割引率に対して）エージェントが到達すべき目標を定義する．実応用において，複雑な環境のために，報酬関数を定義することは，かなり複雑であることがわかる．代替手法として，(i) 目的タスクの模範演技に対して，模倣学習を利用するか逆強化学習で報酬関数を抽出する方法や，(ii) タスクを定義するために，エージェントの行動に対して人がフィードバックする方法が考えられる．

10.3.1 模範演技からの学習

いくつかの状況において，エージェントは，報酬なしに熟練者エージェント（教師とも呼ばれる）の軌道のみが与えられる．観測された振る舞いを与えて，エージェントをそれと同じように動作させたい．これには，以下の 2 つの手法が考えられる．

- **模倣学習**（imitation learning）は，熟練者の振る舞いの観測から状態と行動を関連付ける教師あり学習を利用する（たとえば Giusti *et al.*, 2016）．他の応用として，この手法は，自動運転において深層ニューラルネットワークを用いて画素値を直接操舵指令に変換するために利用されている（Bojarski *et al.*, 2016）．
- **逆強化学習**（inverse reinforcement learning; IRL）は，与えられた最適な振る舞いの観測に対して，適切な報酬関数を決定する．（報酬関数を除く）システムダイナミクスが既知であり，報酬関数がタスクに対して最も汎化性のある定義を与えるとき，逆強化学習は特に魅力的な手法となる（Ng, Russell *et al.*, 2000; Abbeel and Ng, 2004）．たとえば，熟練者が，最終的にいつも同じ状態に遷移する大きな（高次元の）MDP を考える．その状況では，模倣学習を通じて方策を直接学習する方法が極めて非効率であるのに対し，逆強化学習を使うと，考えうる目標教師の振る舞いを説明する報酬関数を複数の軌道から簡単に推論できるかもしれない．**最大因果エントロピー**（maximum causal entropy）の原理（Ziebart, 2010）に基づく手法を利用することで，システムダイナミクスに関する知識を不要とする，最近の研究があることに注意されたい（Boularias *et al.*, 2011; Kalakrishnan *et al.*, 2013; Finn *et al.*, 2016b）．

Neu and Szepesvári（2012）や Ho and Ermon（2016）は，上記の 2 つを組み合わせた手法を研究している．特に，Ho and Ermon（2016）は，模範演技されたサンプルの分布に方策が適合するように識別者（つまり報酬関数）を学習するために，**敵対的手法**（adversarial method）を利用する．

実世界における多くの応用場面では，教師は，エージェントと厳密に同じ状況にあるわけではないことに留意する必要がある．したがって，転移学習も肝要になりうる（Schulman *et al.*, 2016; Liu *et al.*, 2017）．

別の設定では，エージェントは，行動の情報を得ることなく，観測のみの系列から（そして，おそらく教師とエージェントが微妙に異なる状況で）直接学習することが求められる．エージェントが教師の模範演技に基づいて期待したとおりに振る舞ったら，エージェントに正の報酬を与えることで，この設定はメタ学習の設定で達成されるかもしれない．その後，エージェントは，新しいタスクを遂行するのに十分なだけ汎化する目的で，未知の教師の軌道に基づいて行動する (Paine *et al.*, 2018)．

10.3.2　直接フィードバックからの学習

フィードバックからの学習は，正と負のフィードバック信号を与える教師である人から，エージェントがどのように振る舞いを相互作用的に学習できるかを調査する．複雑な振る舞いを学習するために，教師のフィードバックは，事前に定義した報酬関数よりも性能が高い可能性がある (MacGlashan *et al.*, 2017; Warnell *et al.*, 2017)．この設定は，10.2.3 項で議論されたカリキュラム学習の着想と関連しうる．

Hadfield-Menell *et al.* (2016) の研究は，協調的な逆強化学習の枠組みで，人の報酬関数を最大化させる目的で，環境と相互作用する人とロボットの 2 プレイヤーのゲームを考えた．Christiano *et al.* (2017) の研究は，教師が与えるべきフィードバック量を大きく減少させる，教師あり学習を利用した報酬モデルの学習手法を示している．彼らは，高次元の観測空間で課題を解くために，深層強化学習の文脈で人のフィードバックを利用する，初めての実応用例を示している．

10.4　マルチエージェントシステム

マルチエージェントシステムは，環境と相互作用する多数のエージェントによって構成される (Littman, 1994)．

定義 10.2. N 個のマルチエージェントの POMDP は $(\mathcal{S}, \mathcal{A}_1, \ldots, \mathcal{A}_N, T, R_1, \ldots, R_N, \Omega, O_1, \ldots, O_N, \gamma)$ の要素の組である．

- $\mathcal{S}$ は有限の状態の集合 $\{1, \ldots, N_{\mathcal{S}}\}$ (可能なすべてのエージェントの構成) である．
- $\mathcal{A} = \mathcal{A}_1 \times \cdots \times \mathcal{A}_n$ は有限の行動の集合 $\{1, \ldots, N_{\mathcal{A}}\}$ である．
- $T : \mathcal{S} \times \mathcal{A} \times \mathcal{S} \to [0, 1]$ は，遷移関数である (状態間における条件付き遷移確率の集合)．
- $\forall i,\ R_i : \mathcal{S} \times \mathcal{A}_i \times \mathcal{S} \to \mathcal{R}$ は，エージェント i における報酬関数である．

ここで，$\mathcal{R}$ は $R_{\max} \in \mathbb{R}^+$ の範囲で起こりうる報酬の連続した集合である（たとえば，$[0, R_{\max}]$ は一般性を失わない）.

- Ω は有限の観測の集合 $\{1, \ldots, N_\Omega\}$ である.
- $\forall i, O_i : \mathcal{S} \times \Omega \to [0,1]$ は，観測の条件付き確率の集合である.
- $\gamma \in [0,1)$ は割引率である.

この種のシステムでは，多くの異なる設定が考えられる.

- **協調的対非協調的設定**：純粋な協調的設定では，エージェントは，共有された報酬計量（$R_i = R_j, \forall i, j \in [1, \ldots, N]$）を持つ．複合的もしくは非協調的（おそらく敵対的）設定では，それぞれのエージェントは，異なる報酬を獲得する．どちらの場合も，それぞれのエージェント i は，割引された報酬の和 $\sum_{t=0}^{H} \gamma^t r_t^{(i)}$ を最大化することを目的とする.
- **分散対集中システムの設定**：分散システムの設定では，それぞれのエージェントは，局所的な情報で条件付けられた自身の行動を選択する．協調が有益であるとき，分散システムの設定は，情報を共有するために，エージェント間で意思疎通することができる（たとえば Sukhbaatar *et al.*, 2016）．集中システムの設定では，強化学習アルゴリズムは，すべての観測 $w^{(i)}$ と報酬 $r^{(i)}$ を利用する．この問題は，目的関数を単一に定義できる（純粋な協調的設定では，単一の目的関数を用いるのが普通である）状況においては，単一エージェントの強化学習問題として単純化することができる．（問題にもよるが）集中的な手法を検討できる場合であっても，マルチエージェントを利用しない構造は，たいてい準最適な学習を導く（たとえば Sunehag *et al.*, 2017）.

学習過程において，個々のエージェントの方策が独立に更新され，したがって，どの特定のエージェントからも環境は非定常に見えるので，マルチエージェントシステムは一般的に難しい．ある特定のエージェントを訓練する 1 つの方法は，過去に学習された方策のプールから，他のすべてのエージェントの方策を無作為に選ぶことである．これは，学習中のエージェントの訓練を安定化させ，他のエージェントの現在の方策に過適合することを防ぐのに役立つ（Silver *et al.*, 2016a）.

さらに，所与のエージェントの観点からすると，他のすべてのエージェントが既知で固定された方策を持っていたとしても，環境はたいてい強い確率性を示す．確かに，どのエージェントも，他のエージェントがどのように行動するかを知らず，結果的に，自身の行動が，獲得する報酬にどのように貢献するかを知らない．これには，部分観測で説明できる部分と，他のエージェントに従う方策の内在的な確率性で説明できる部分（たとえば，高いレベルの探索があるとき）とがある．これらの理由で，（特にブートストラップとともに利用されるときに）学習を難しくさせる，大域的な期待収益の大きな分散が観測される．協調的設定の場合，一般的な手法は，学習中の集中的クリティックと分散的アクターで，アクター・クリティック構造を利用することである（エージェントを個別に配置することができる）．これらの論題は，Foerster *et al.* (2017a)，Sunehag *et al.* (2017)，Lowe *et al.* (2017) による研究で調査された．また，他のエージェントの学習を考慮する表現を取り入れる方法（Foerster *et al.*, 2018）や，他のエージェントの行動を予測する内部モデルを利用する方法（Jaques *et al.*, 2018）が示されている．

深層強化学習のエージェントは，Quake III Arena Capture the Flag（Jaderberg *et al.*, 2018）のような 3 次元多人数プレイヤーの一人称視点テレビゲームにおいて，人と同じ性能を達成することができる．したがって，深層強化学習の手法は，ロボティクスや自動運転など，多数のエージェントが協力することが必要な，多くの実世界問題で大きく期待されている．

第11章
深層強化学習の展望

本章では，まず深層強化学習の主な成功例をいくつか示す．次に，さらに広い範囲の実世界問題に取り組む際に直面する主な課題をいくつか説明する．最後に，深層強化学習と神経科学におけるいくつかの類似点を議論する．

11.1　深層強化学習の成功

深層強化学習手法は，過去に解けなかった広い範囲の問題を扱えることが示されてきた．最も有名な成果は以下のとおりである．

- ボードゲームのバックギャモン (backgammon) で，これまでのコンピュータプログラムに勝利した (Tesauro, 1995)．
- 画素情報に基づくアタリ社ゲームで人を超える能力に到達した (Mnih *et al.*, 2015)．
- 囲碁を完全に習得した (Silver *et al.*, 2016a)．
- ヘッズアップ・ノーリミット・テキサス・ホールデム (heads up nolimit Texas hold'em) という形式のポーカーで，プロの競技者に勝利した (Brown and Sandholm (2017) による Libratus と，Moravcik *et al.* (2017) による Deepstack)．

これらの人気のあるゲームでの成果は重要である．なぜなら，それらのゲームは，高次元の入力で機能することが求められる複雑かつ多様なタスクであり，深層強化学習の可能性を示すからである．実際に，深層強化学習はロボティクス

(Kalashnikov *et al.*, 2018)，自動運転 (You *et al.*, 2017)，スマートグリッド (François-Lavet *et al.*, 2016b)，対話システム (Fazel-Zarandi *et al.*, 2017) などの実世界応用でも，多くの可能性を示してきた．たとえば，Gauci *et al.* (2018) は，Facebook において，プッシュ通知や，高速に動画を読み込むスマートプリフェッチ機能が，深層強化学習をどのように利用して実現しているかを述べている．

強化学習は，順序予測 (Ranzato *et al.*, 2015; Bahdanau *et al.*, 2016) のような，教師あり学習単体で実現可能と見なされる分野にも適用できる．教師あり学習タスク向けの有効なニューラルネットワーク構造の設計も，強化学習問題として解かれている (Zoph and Le, 2016)．それらの教師あり学習で解けるタスクは，進化戦略 (Miikkulainen *et al.*, 2017; Real *et al.*, 2017) で解くことも可能である．

最後に，深層強化学習は，巡回セールスマン問題のようなコンピュータ科学分野の古典的で基礎的なアルゴリズム問題にも応用されることを，述べておかなければならない．この古典的なアルゴリズム問題は NP 完全問題であり，これらの問題の構造を活用できる他の NP 完全問題に対しても，深層強化学習を適用できる可能性がある．

11.2 深層強化学習を実世界問題に適用する際の課題

第 1 章で議論した深層強化学習のアルゴリズムは，概して，実世界問題のさまざまな種類の問題を解くために利用されてきた．実際には，タスクが十分に定義されている (明示的な報酬関数がある) 場合でさえも，1 つの根本的な難しさがある．それは，安全性や，コストもしくは時間的制約のせいで，エージェントが実環境 (もしくは環境の集合) と自由に，かつ十分に相互作用することは，多くの場合不可能だということである．実応用での課題は，主に以下の 2 つに区別することができる．

1. エージェントは，実環境ではなく，不正確なシミュレーションとしか相互作用できないかもしれない．これは，たとえばロボティクスの状況で発生する (Zhu *et al.*, 2016; Gu *et al.*, 2017a)．初めにシミュレーションで学習する際の実世界環境との違いは，リアリティギャップとして知られている（たとえば Jakobi *et al.*, 1995 を参照）．

2. 新しい観測の取得が，もう十分にできないかもしれない（たとえば，バッチ設定）．これは，たとえば治験や，気候条件に依存するタスク，流通市場（エネルギー市場，株式市場）の状況で起こる．

これら 2 つは同時に起こりうることに留意されたい．それは，環境のダイナミクスはシミュレートできても，限られたデータしか利用できない外因性を持つ時系列にこのダイナミクスが依存している場合である (François-Lavet *et al.*, 2016b).

これらの制約に対処するため，さまざまな要素が重要である．

- できるだけ正確なシミュレータを開発する．
- 学習アルゴリズムの設計において，汎化性を改善したり，転移学習手法を利用したりすることを考慮する（第 7 章および 10.2 節を参照）．

11.3　深層強化学習と神経科学の関係

深層強化学習の興味深い一面は，神経科学と関連することである．困難な逐次的意思決定タスクを解くアルゴリズムを開発している間は，生物学的な妥当性は工学の立場から必要ではなかった．しかしながら，最も成功したアルゴリズムの多くは，生物の知能に大きな影響を受けている．実際，強化学習と深層学習の着想さえも，神経科学や生物の知能と強い繋がりがある．

強化学習：一般的に，強化学習は概念的に神経科学と密接な関係がある．強化学習は，神経科学をヒントとして利用し，また神経科学の現象を説明するための道具としても利用されてきた（Niv, 2009）．神経経済学は，経済的な解析に情報を与えるために，人の意思決定のモデルを利用し，一方，強化学習モデルは，この神経経済学に関連する分野でも道具として利用されてきた（Camerer *et al.*, 2005）．

強化の考え方（もしくは少なくとも強化という言葉）は，動物の行動の状況に対するパブロフの研究（Pavlov, 1927）に遡ることができる．パブロフの条件モデルでは，特定の刺激が振る舞いに先行するときはいつでも，強化は振る舞いを強める効果もしくは弱める効果を与えると述べられている．パブロフの条件モデルは，**レスコーラ＝ワグナー理論**（Rescorla-Wagner theory）の発展に繋がった（Rescorla, Wagner *et al.*, 1972）．これは，数ある予測モデルの中でも，学習は予測された報酬と受け取った報酬の誤差によって駆動されることを主張する理論である．計算機的な強化学習では，それらの概念は，**時間差分**（temporal-difference; TD）法（Sutton, 1984; Schultz *et al.*, 1997; Russek *et al.*, 2017）のような多くのアルゴリズムの核心であった．脳にあるドーパミンニューロンが，脳における学習を指揮するために TD 法における更新と似た方法で行動すること（Schultz *et al.*, 1997）が発見されたとき，これらの繋がりはさらに強固なものになった．

そのような強化学習と神経科学の繋がりに触発され，強化学習の多くの側面も，脳の現象を直接説明するために研究されてきた．たとえば，計算機的モデルが，探索のような認知的現象（Cohen *et al.*, 2007）や，報酬の時間割引（Story *et al.*, 2014）を説明するヒントとなった．認知科学において，Kahneman (2011) も思考の 2 つのモードの 2 項対立があることを説明している．素早く直感的である「システム 1」とゆっくりでより論理的である「システム 2」がある．深層強化学習においてモデルフリーとモデルベースの手法を考えるときも，同様の 2 項対立を見ることができる．別の例として，深層強化学習で意味のある抽象的な表現を持つという着想は，（人間を含む）動物がどのように思考するかにも関連しているかもしれない．確かに，ある特定の時刻における意識的な思考は，決定を行うためのいくつかの概念の低次元の組み合わせと見なせる（Bengio, 2017）．

強化学習と神経科学との繋がりに関する文献は豊富にある．強化学習の発展の深い歴史や，それと神経科学との関係については，Sutton and Barto (2017) や Niv (2009)，Lee *et al.* (2012)，Holroyd and Coles (2002)，Dayan and Niv (2008)，Dayan and Daw (2008)，Montague (2013)，Niv and Montague (2009) などの文献を参照されたい．

深層学習：深層学習は，生態の脳におけるニューロンの処理モデルにも起源を持つ．しかしながら，その後の深層学習の発展は，現在の神経生物学の知識と部分的に相容れないものになってきた（Bengio *et al.*, 2015）．とはいえ，両者には多くの類似点が存在する．深層学習で利用される畳み込み構造が，動物の視覚野の組織にヒントを得たものであることは，その一例である（Fukushima and Miyake, 1982; LeCun *et al.*, 1998）．

機械学習と一般的な人間の（もしくは動物の）知能の差を埋めるためには，まだまだ多くの研究が必要である．神経科学からの影響によって得られたすべての成果を振り返って，生物学的な脳をさらに理解することは，より強力なアルゴリズムを生み出すために重要な役割を持ち，その逆方向の貢献もしかりである．特に，深層強化学習と神経科学の双方向の影響が議論されている Hassabis *et al.* (2017) を是非読んでいただきたい．

第12章
結論

逐次的な意思決定は，多くの理論的，方法論的，実験的なタスクが未解決であり，活発な研究分野であり続けている．深層学習分野における進展は，強化学習と深層学習を組み合わせたさまざまな新しい方向への発展を可能としてきた．特に，深層学習により大きな汎化能力が得られたことで，大規模かつ高次元の状態空間や行動空間を扱えるようになってきた．こうした発展は今後何年も続き，より効率的なアルゴリズムとさまざまな新しいアプリケーションが生まれるであろうことは，多くの理由から間違いない．

12.1　深層強化学習の将来の発展

本書では，深層強化学習における中心的な問題の１つは汎化性であることを強調した．このため，深層強化学習分野の最近の発展は，特定のニューラルネットワーク形式で完全自動に訓練するといった，明示的な微分可能アルゴリズムに向かう近年の傾向にさらなる拍車をかけるであろう．これにより，より抽象的レベルでの推論に適した，より深く洗練された構造を持つアルゴリズムが実現でき，さらに，現在以上に幅広いアプリケーションを解決できるようになる．そうした洗練された構造は，時間的抽象化の領域で今後さらなる発展が期待される階層的学習にも使用できる．

また，深層強化学習アルゴリズムがメタ学習や生涯学習の方向に進み，性能向上や訓練時間を短くすることで，（たとえば事前訓練済みネットワークなどの形で）事前知識を埋め込めるようになることも期待したい．もう１つの重要な課題は，シミュレーションと実問題との間の転移学習能力を，現状から改善することである．これにより，（柔軟な方法でサンプル収集する技術を用いて）シミュレーションで複雑な意思決定問題を学習したり，学習した技能を，ロボット工学，自動運転車などの現実世界の環境で利用したりすることが可能となる．

最後に，深層強化学習手法により，取り巻く環境を自律的にうまく発見するための，**好奇心**（curiosity）に基づく能力の改善が期待される．

12.2　深層強化学習や人工知能の応用と社会への影響

実応用に関しては，多くの領域が深層強化学習の発展の影響を受けるであろう．さまざまな開発がどのように進展するかを予測することはどの時代でも難しいが，深層強化学習に集まる現在の関心は，臨床意思決定支援，マーケティング，ファイナンス，リソース管理，自動運転，ロボット工学，スマートグリッドなどの情報通信技術における，大きな変化の始まりかもしれない．

人工知能の現在の発展（深層強化学習と，より一般的な機械学習の両方）は，情報通信技術によってもたらされる多くの方法論の発展を導く．他の新しいテクノロジーと同様に，こうした発展は，社会に対するさまざまな潜在的チャンスとチャレンジを経験して実現する．

良い側面として，（深層）強化学習に基づくアルゴリズムは，人々と社会に大きな価値を約束する．たとえば，退屈と疲労を伴う作業をロボットにより自動化すれば，生活の質はきっと上がるだろう（Levine *et al.*, 2016; Gandhi *et al.*, 2017; Pinto *et al.*, 2017）．また，学生の興味を途切れさせないコンテンツを提供することで，教育を改善できるだろう（Mandel *et al.*, 2014）．さらに，インテリジェントな臨床意思決定を導入すれば，公衆衛生が向上するだろう（Fonteneau *et al.*, 2008; Bennett and Hauser, 2013）．自動運転車のタスクのいくつかに，ロバストな解決策を提供できるだろう（Bojarski *et al.*, 2016; You *et al.*, 2017）．生物資源の管理（Dietterich, 2009）や，交通の最適化（Li *et al.*, 2016）による温室効果ガス排出の削減も可能だろう．キャラクターアニメーション（Peng *et al.*, 2017b）などのコンピュータグラフィックスにも応用できるかもしれない．金融（Deng *et al.*, 2017），スマートグリッド（François-Lavet, 2017）などへの応用もある．

ただし，そのためには，深層強化学習アルゴリズムの安全性や信頼性を高め，その行動の予測可能性を向上させなければならない（Amodei *et al.*, 2016; Bostrom, 2017）．簡単な例として，深層強化学習では，エージェントに実行してほしいことを示すための報酬関数の設計を，実際には幾分か恣意的に行う．多くの場合これは適切に機能するが，予期しない，あるいは場合によっては壊滅的な動作を引き起こすこともある．たとえば，特定の侵入種を環境から取り除くのに，これらの生物の 1 つを取り除くたびにエージェントに報酬を与えるような設計をするかもしない．この場合，エージェントは累積報酬を最大化しようと，侵入種をわざと成長させてより多くの侵入生物を取り除く戦略を学習するかもしれない．しかし，これはもちろん意図された動作ではない．安全な探索に関するどの側面も，深層強化学習アルゴリズムが実問題で応用される場合には，潜在的に問題となりうる．

さらに，他の強力な手法と同様に，深層強化学習アルゴリズムも社会的・倫理的課題をもたらし（Brundage *et al.*, 2018），人々や社会の利益のためにどのように利用すべきかという問題を提起する．人間科学について論じるとき，さまざまな解釈が出てくるが，この章では，さらに研究が必要な潜在的な問題のいくつかに言及しておく．

倫理に則った人工知能の利用は，広い興味を集めている．教師あり学習手法と比較した強化学習の特徴は，人と機械のやりとりを自然に処理できることである．これは，チャットボット，スマートアシスタントなどに最適である．他のさまざまな技術と同様に，それを利用した結果の好ましさは，規定によって常に保証されなければならない．

さらに，機械学習と深層強化学習のアルゴリズムは，一層の自動化とロボット化をもたらす可能性がある．これは，たとえば自律兵器においては明らかに問題である（Walsh, 2017）．自動化は，経済，雇用市場，そして社会全体にも及ぶであろう．人類にとっての主要な課題は，人工知能の将来の技術開発が，生態系に危機を引き起こさないこと（Harari, 2014），また，社会の不平等を助長して，社会的および経済的不安定をもたらさないこと（Piketty, 2013）を保証することである．

われわれはまだ，汎用的深層強化学習および汎用人工知能の初期段階にいる．将来を予測することは困難である．ただし，これらのアルゴリズムの利用に付随する潜在的な問題を，公共政策として段階的に議論していくことが重要である．そのようにして初めて，これらの新たなアルゴリズムは，われわれの社会に良い影響を与えられる．

付録：
深層強化学習のフレームワーク

この付録では，深層強化学習に使用されているいくつかのよく知られたフレームワークを紹介する．

- DeeR（François-Lavet *et al.*, 2016a）：研究者にとって簡単に利用できることと，モジュール構造であることに主眼を置いている．
- Dopamine（Bellemare *et al.*, 2018）：アタリ社のゲームを用いて，評価基準とともに基本的なアルゴリズムを提供する．
- ELF（Tian *et al.*, 2017）：主に実時間の戦略ゲームに狙いを置いた，深層強化学習のための研究基盤．
- OpenAI baselines（Dhariwal *et al.*, 2017）：DDPG，TRPO，PPO，ACKTR[*1]を含む人気の高い深層強化学習アルゴリズム一式を備えている．このフレームワークの狙いは，評価対象となる基本技術の実装を提供することである．
- PyBrain（Schaul *et al.*, 2010）：いくつかの強化学習をサポートする機械学習ライブラリ．
- rllab（Duan *et al.*, 2016a）：深層強化学習アルゴリズムのベンチマークの実装一式を提供する．
- TensorForce（Schaarschmidt *et al.*, 2017）：TensorFlow で構築されたいくつかのアルゴリズム実装を含む深層強化学習のフレームワーク．強化学習の計算を，性能向上や効率化のために TensorFlow グラフに移植することを目的としている．したがって，TensorFlow の深層学習ライブラリと強く結び付いている．また，TRPO，DQN，PPO，A3C[*2]を含む多くのアルゴリズム実装を提供する．

[*1] 【訳注】Actor Critic using Kronecker-Factored Trust Region（Wu *et al.*, 2017）

[*2] 【訳注】Asynchronous Advantage Actor-Critic（Mnih *et al.*, 2016）

また，強化学習向け（必ずしも深層強化学習向けではない）の以下の 2 つのフレームワークを紹介しておきたい．

- RL-Glue（Tanner and White, 2009）：強化学習のエージェント，環境，実験プログラムに統合的に接続できる標準的なインタフェースを提供している．
- RLPy（Geramifard *et al.*, 2015）：離散行動を伴う線形関数近似器を使用する価値ベースの強化学習に着目したフレームワーク．

以下に，上述のフレームワークの要約を示す．

フレームワーク	深層強化学習への対応	Python へのインタフェース	自動 GPU サポート
DeeR	○	○	○
Dopamine	○	○	○
ELF	○	×	○
OpenAI baselines	○	○	○
PyBrain	○	○	×
RL-Glue	×	○	×
RLPy	×	○	×
rllab	○	○	○
TensorForce	○	○	○

参考文献

Abadi, M., A. Agarwal, P. Barham, E. Brevdo, Z. Chen, C. Citro, G. S. Corrado, A. Davis, J. Dean, M. Devin, *et al.* 2016. "Tensor-Flow: Large-Scale Machine Learning on Heterogeneous Distributed Systems". *arXiv preprint arXiv:1603.04467.*

Abbeel, P. and A. Y. Ng. 2004. "Apprenticeship learning via inverse reinforcement learning". In: *Proceedings of the twenty-first international conference on Machine learning.* ACM. 1.

Amari, S. 1998. "Natural Gradient Works Efficiently in Learning". *Neural Computation.* 10(2): 251–276.

Amodei, D., C. Olah, J. Steinhardt, P. Christiano, J. Schulman, and D. Mané. 2016. "Concrete problems in AI safety". *arXiv preprint arXiv:1606.06565.*

Anderson, T. W. 1958. *An introduction to multivariate statistical analysis.* Vol. 2. Wiley New York.

Aytar, Y., T. Pfaff, D. Budden, T. L. Paine, Z. Wang, and N. de Freitas. 2018. "Playing hard exploration games by watching YouTube". *arXiv preprint arXiv:1805.11592.*

Bacon, P.-L., J. Harb, and D. Precup. 2016. "The option-critic architecture". *arXiv preprint arXiv:1609.05140.*

Bahdanau, D., P. Brakel, K. Xu, A. Goyal, R. Lowe, J. Pineau, A. Courville, and Y. Bengio. 2016. "An actor-critic algorithm for sequence prediction". *arXiv preprint arXiv:1607.07086.*

Baird, L. 1995. "Residual algorithms: Reinforcement learning with function approximation". In: *ICML.* 30–37.

Baker, M. 2016. "1,500 scientists lift the lid on reproducibility". *Nature News.* 533(7604): 452.

Bartlett, P. L. and S. Mendelson. 2002. "Rademacher and Gaussian complexities: Risk bounds and structural results". *Journal of Machine Learning Research.* 3(Nov): 463–482.

Barto, A. G., R. S. Sutton, and C. W. Anderson. 1983. "Neuronlike adaptive elements that can solve difficult learning control problems". *IEEE transactions on systems, man, and cybernetics.* (5): 834–846.

Beattie, C., J. Z. Leibo, D. Teplyashin, T. Ward, M. Wainwright, H. Küttler, A. Lefrancq, S. Green, V. Valdés, A. Sadik, *et al.* 2016. "DeepMind Lab". *arXiv preprint arXiv:1612.03801.*

Bellemare, M. G., P. S. Castro, C. Gelada, K. Saurabh, and S. Moitra. 2018. "Dopamine". https://github.com/google/dopamine.

Bellemare, M. G., W. Dabney, and R. Munos. 2017. "A distributional perspective on reinforcement learning". *arXiv preprint arXiv:1707.06887.*

Bellemare, M. G., Y. Naddaf, J. Veness, and M. Bowling. 2013. "The Arcade Learning Environment: An evaluation platform for general agents". *Journal of Artificial*

Intelligence Research. 47: 253–279.

Bellemare, M. G., S. Srinivasan, G. Ostrovski, T. Schaul, D. Saxton, and R. Munos. 2016. “Unifying Count-Based Exploration and Intrinsic Motivation”. *arXiv preprint arXiv:1606.01868*.

Bellman, R. 1957a. “A Markovian decision process”. *Journal of Mathematics and Mechanics*: 679–684.

Bellman, R. 1957b. “Dynamic Programming”.

Bellman, R. E. and S. E. Dreyfus. 1962. “Applied dynamic programming”.

Bello, I., H. Pham, Q. V. Le, M. Norouzi, and S. Bengio. 2016. “Neural Combinatorial Optimization with Reinforcement Learning”. *arXiv preprint arXiv:1611.09940*.

Bengio, Y. 2017. “The Consciousness Prior”. *arXiv preprint arXiv:1709.08568*.

Bengio, Y., D.-H. Lee, J. Bornschein, T. Mesnard, and Z. Lin. 2015. “Towards biologically plausible deep learning”. *arXiv preprint arXiv:1502.04156*.

Bengio, Y., J. Louradour, R. Collobert, and J. Weston. 2009. “Curriculum learning”. In: *Proceedings of the 26th annual international conference on machine learning*. ACM. 41–48.

Bennett, C. C. and K. Hauser. 2013. “Artificial intelligence framework for simulating clinical decision-making: A Markov decision process approach”. *Artificial intelligence in medicine*. 57(1): 9–19.

Bertsekas, D. P. 1995. *Dynamic programming and optimal control*. Vol. 1. No. 2. Athena scientific Belmont, MA.

Bojarski, M., D. Del Testa, D. Dworakowski, B. Firner, B. Flepp, P. Goyal, L. D. Jackel, M. Monfort, U. Muller, J. Zhang, *et al.* 2016. “End to end learning for self-driving cars”. *arXiv preprint arXiv:1604.07316*.

Bostrom, N. 2017. *Superintelligence*. Dunod.

Bouckaert, R. R. 2003. “Choosing between two learning algorithms based on calibrated tests”. In: *Proceedings of the 20th International Conference on Machine Learning (ICML-03)*. 51–58.

Bouckaert, R. R. and E. Frank. 2004. “Evaluating the replicability of significance tests for comparing learning algorithms”. In: *PAKDD*. Springer. 3–12.

Boularias, A., J. Kober, and J. Peters. 2011. “Relative Entropy Inverse Reinforcement Learning”. In: *AISTATS*. 182–189.

Boyan, J. A. and A. W. Moore. 1995. “Generalization in reinforcement learning: Safely approximating the value function”. In: *Advances in neural information processing systems*. 369–376.

Brafman, R. I. and M. Tennenholtz. 2003. “R-max-a general polynomial time algorithm for near-optimal reinforcement learning”. *The Journal of Machine Learning Research*. 3: 213–231.

Branavan, S., N. Kushman, T. Lei, and R. Barzilay. 2012. “Learning high-level planning from text”. In: *Proceedings of the 50th Annual Meeting of the Association for Computational Linguistics: Long Papers-Volume 1*. Association for Computational Linguistics. 126–135.

Braziunas, D. 2003. “POMDP solution methods”. *University of Toronto, Tech. Rep.*

Brockman, G., V. Cheung, L. Pettersson, J. Schneider, J. Schulman, J. Tang, and W.

Zaremba. 2016. "OpenAI Gym".

Brown, N. and T. Sandholm. 2017. "Libratus: The Superhuman AI for No-Limit Poker". *International Joint Conference on Artificial Intelligence (IJCAI-17).*

Browne, C. B., E. Powley, D. Whitehouse, S. M. Lucas, P. I. Cowling, P. Rohlfshagen, S. Tavener, D. Perez, S. Samothrakis, and S. Colton. 2012. "A survey of monte carlo tree search methods". *IEEE Transactions on Computational Intelligence and AI in games.* 4(1): 1–43.

Brügmann, B. 1993. "Monte carlo go". *Tech. rep.* Citeseer.

Brundage, M., S. Avin, J. Clark, H. Toner, P. Eckersley, B. Garfinkel, A. Dafoe, P. Scharre, T. Zeitzoff, B. Filar, *et al.* 2018. "The Malicious Use of Artificial Intelligence: Forecasting, Prevention, and Mitigation". *arXiv preprint arXiv:1802.07228.*

Brys, T., A. Harutyunyan, P. Vrancx, M. E. Taylor, D. Kudenko, and A. Nowé. 2014. "Multi-objectivization of reinforcement learning problems by reward shaping". In: *Neural Networks (IJCNN), 2014 International Joint Conference on.* IEEE. 2315–2322.

Bubeck, S., R. Munos, and G. Stoltz. 2011. "Pure exploration in finitely-armed and continuous-armed bandits". *Theoretical Computer Science.* 412(19): 1832–1852.

Burda, Y., H. Edwards, A. Storkey, and O. Klimov. 2018. "Exploration by Random Network Distillation". *arXiv preprint arXiv:1810.12894.*

Camerer, C., G. Loewenstein, and D. Prelec. 2005. "Neuroeconomics: How neuroscience can inform economics". *Journal of economic Literature.* 43(1): 9–64.

Campbell, M., A. J. Hoane, and F.-h. Hsu. 2002. "Deep blue". *Artificial intelligence.* 134(1-2): 57–83.

Casadevall, A. and F. C. Fang. 2010. "Reproducible science".

Castronovo, M., V. François-Lavet, R. Fonteneau, D. Ernst, and A. Couëtoux. 2017. "Approximate Bayes Optimal Policy Search using Neural Networks". In: *9th International Conference on Agents and Artificial Intelligence (ICAART 2017).*

Chebotar, Y., A. Handa, V. Makoviychuk, M. Macklin, J. Issac, N. Ratliff, and D. Fox. 2018. "Closing the Sim-to-Real Loop: Adapting Simulation Randomization with Real World Experience". *arXiv preprint arXiv:1810.05687.*

Chen, T., I. Goodfellow, and J. Shlens. 2015. "Net2net: Accelerating learning via knowledge transfer". *arXiv preprint arXiv:1511.05641.*

Chen, X., C. Liu, and D. Song. 2017. "Learning Neural Programs To Parse Programs". *arXiv preprint arXiv:1706.01284.*

Chiappa, S., S. Racaniere, D. Wierstra, and S. Mohamed. 2017. "Recurrent Environment Simulators". *arXiv preprint arXiv:1704.02254.*

Christiano, P., J. Leike, T. B. Brown, M. Martic, S. Legg, and D. Amodei. 2017. "Deep reinforcement learning from human preferences". *arXiv preprint arXiv:1706.03741.*

Christopher, M. B. 2006. *Pattern recognition and machine learning.* Springer.

Cohen, J. D., S. M. McClure, and J. Y. Angela. 2007. "Should I stay or should I go? How the human brain manages the trade-off between exploitation and exploration". *Philosophical Transactions of the Royal Society of London B: Biological Sciences.* 362(1481): 933–942.

Cortes, C. and V. Vapnik. 1995. "Support-vector networks". *Machine learning.* 20(3): 273–297.

Coumans, E., Y. Bai, *et al.* 2016. "Bullet". http://pybullet.org/.

Da Silva, B., G. Konidaris, and A. Barto. 2012. "Learning parameterized skills". *arXiv preprint arXiv:1206.6398.*

Dabney, W., M. Rowland, M. G. Bellemare, and R. Munos. 2017. "Distributional Reinforcement Learning with Quantile Regression". *arXiv preprint arXiv:1710.10044.*

Dayan, P. and N. D. Daw. 2008. "Decision theory, reinforcement learning, and the brain". *Cognitive, Affective, & Behavioral Neuroscience.* 8(4): 429–453.

Dayan, P. and Y. Niv. 2008. "Reinforcement learning: the good, the bad and the ugly". *Current opinion in neurobiology.* 18(2): 185–196.

Dearden, R., N. Friedman, and D. Andre. 1999. "Model based Bayesian exploration". In: *Proceedings of the Fifteenth conference on Uncertainty in artificial intelligence.* Morgan Kaufmann Publishers Inc. 150–159.

Dearden, R., N. Friedman, and S. Russell. 1998. "Bayesian Q-learning".

Deisenroth, M. and C. E. Rasmussen. 2011. "PILCO: A model-based and data-efficient approach to policy search". In: *Proceedings of the 28th International Conference on machine learning (ICML-11).* 465–472.

Demšar, J. 2006. "Statistical comparisons of classifiers over multiple data sets". *Journal of Machine learning research.* 7(Jan): 1–30.

Deng, Y., F. Bao, Y. Kong, Z. Ren, and Q. Dai. 2017. "Deep direct reinforcement learning for financial signal representation and trading". *IEEE transactions on neural networks and learning systems.* 28(3): 653–664.

Dhariwal, P., C. Hesse, M. Plappert, A. Radford, J. Schulman, S. Sidor, and Y. Wu. 2017. "OpenAI Baselines".

Dietterich, T. G. 1998. "Approximate statistical tests for comparing supervised classification learning algorithms". *Neural computation.* 10(7): 1895–1923.

Dietterich, T. G. 2009. "Machine learning and ecosystem informatics: challenges and opportunities". In: *Asian Conference on Machine Learning.* Springer. 1–5.

Dinculescu, M. and D. Precup. 2010. "Approximate predictive representations of partially observable systems". In: *Proceedings of the 27th International Conference on Machine Learning (ICML-10).* 895–902.

Dosovitskiy, A. and V. Koltun. 2016. "Learning to act by predicting the future". *arXiv preprint arXiv:1611.01779.*

Duan, Y., M. Andrychowicz, B. Stadie, J. Ho, J. Schneider, I. Sutskever, P. Abbeel, and W. Zaremba. 2017. "One-Shot Imitation Learning". *arXiv preprint arXiv:1703.07326.*

Duan, Y., X. Chen, R. Houthooft, J. Schulman, and P. Abbeel. 2016a. "Benchmarking deep reinforcement learning for continuous control". In: *International Conference on Machine Learning.* 1329–1338.

Duan, Y., J. Schulman, X. Chen, P. L. Bartlett, I. Sutskever, and P. Abbeel. 2016b. "RL$\hat{2}$: Fast Reinforcement Learning via Slow Reinforcement Learning". *arXiv preprint arXiv:1611.02779.*

Duchesne, L., E. Karangelos, and L. Wehenkel. 2017. "Machine learning of real-time power systems reliability management response". *PowerTech Manchester 2017 Proceedings.*

Džeroski, S., L. De Raedt, and K. Driessens. 2001. "Relational reinforcement learning". *Machine learning.* 43(1-2): 7–52.

Erhan, D., Y. Bengio, A. Courville, and P. Vincent. 2009. "Visualizing higher-layer features of a deep network". *University of Montreal.* 1341(3): 1.

Ernst, D., P. Geurts, and L. Wehenkel. 2005. "Tree-based batch mode reinforcement learning". In: *Journal of Machine Learning Research.* 503–556.

Farquhar, G., T. Rocktäschel, M. Igl, and S. Whiteson. 2017. "TreeQN and ATreeC: Differentiable Tree Planning for Deep Reinforcement Learning". *arXiv preprint arXiv:1710.11417.*

Fazel-Zarandi, M., S.-W. Li, J. Cao, J. Casale, P. Henderson, D. Whitney, and A. Geramifard. 2017. "Learning Robust Dialog Policies in Noisy Environments". *arXiv preprint arXiv:1712.04034.*

Finn, C., P. Abbeel, and S. Levine. 2017. "Model-agnostic metalearning for fast adaptation of deep networks". *arXiv preprint arXiv:1703.03400.*

Finn, C., I. Goodfellow, and S. Levine. 2016a. "Unsupervised learning for physical interaction through video prediction". In: *Advances In Neural Information Processing Systems.* 64–72.

Finn, C., S. Levine, and P. Abbeel. 2016b. "Guided cost learning: Deep inverse optimal control via policy optimization". In: *Proceedings of the 33rd International Conference on Machine Learning.* Vol. 48.

Florensa, C., Y. Duan, and P. Abbeel. 2017. "Stochastic neural networks for hierarchical reinforcement learning". *arXiv preprint arXiv:1704.03012.*

Florensa, C., D. Held, X. Geng, and P. Abbeel. 2018. "Automatic goal generation for reinforcement learning agents". In: *International Conference on Machine Learning.* 1514–1523.

Foerster, J., R. Y. Chen, M. Al-Shedivat, S. Whiteson, P. Abbeel, and I. Mordatch. 2018. "Learning with opponent-learning awareness". In: *Proceedings of the 17th International Conference on Autonomous Agents and MultiAgent Systems.* International Foundation for Autonomous Agents and Multiagent Systems. 122–130.

Foerster, J., G. Farquhar, T. Afouras, N. Nardelli, and S. Whiteson. 2017a. "Counterfactual Multi-Agent Policy Gradients". *arXiv preprint arXiv:1705.08926.*

Foerster, J., N. Nardelli, G. Farquhar, P. Torr, P. Kohli, S. Whiteson, *et al.* 2017b. "Stabilising experience replay for deep multi-agent reinforcement learning". *arXiv preprint arXiv:1702.08887.*

Fonteneau, R., S. A. Murphy, L. Wehenkel, and D. Ernst. 2013. "Batch mode reinforcement learning based on the synthesis of artificial trajectories". *Annals of operations research.* 208(1): 383–416.

Fonteneau, R., L. Wehenkel, and D. Ernst. 2008. "Variable selection for dynamic treatment regimes: a reinforcement learning approach".

Fortunato, M., M. G. Azar, B. Piot, J. Menick, I. Osband, A. Graves, V. Mnih, R. Munos, D. Hassabis, O. Pietquin, *et al.* 2017. "Noisy networks for exploration". *arXiv preprint arXiv:1706.10295.*

Fox, R., A. Pakman, and N. Tishby. 2015. "Taming the noise in reinforcement learning via soft updates". *arXiv preprint arXiv:1512.08562.*

François-Lavet, V. 2017. "Contributions to deep reinforcement learning and its applications in smartgrids". *PhD thesis.* University of Liege, Belgium.

François-Lavet, V. *et al.* 2016. "DeeR". https://deer.readthedocs.io/.

François-Lavet, V., Y. Bengio, D. Precup, and J. Pineau. 2018. "Combined Reinforcement Learning via Abstract Representations". *arXiv preprint arXiv:1809.04506.*

François-Lavet, V., D. Ernst, and F. Raphael. 2017. "On overfitting and asymptotic bias in batch reinforcement learning with partial observability". *arXiv preprint arXiv:1709.07796.*

François-Lavet, V., R. Fonteneau, and D. Ernst. 2015. "How to Discount Deep Reinforcement Learning: Towards New Dynamic Strategies". *arXiv preprint arXiv:1512.02011.*

François-Lavet, V., D. Taralla, D. Ernst, and R. Fonteneau. 2016. "Deep Reinforcement Learning Solutions for Energy Microgrids Management". In: *European Workshop on Reinforcement Learning.*

Fukushima, K. and S. Miyake. 1982. "Neocognitron: A self-organizing neural network model for a mechanism of visual pattern recognition". In: *Competition and cooperation in neural nets.* Springer. 267–285.

Gal, Y. and Z. Ghahramani. 2016. "Dropout as a Bayesian Approximation: Representing Model Uncertainty in Deep Learning". In: *Proceedings of the 33nd International Conference on Machine Learning, ICML 2016, New York City, NY, USA, June 19-24, 2016.* 1050–1059.

Gandhi, D., L. Pinto, and A. Gupta. 2017. "Learning to Fly by Crashing". *arXiv preprint arXiv:1704.05588.*

Garnelo, M., K. Arulkumaran, and M. Shanahan. 2016. "Towards Deep Symbolic Reinforcement Learning". *arXiv preprint arXiv:1609.05518.*

Gauci, J., E. Conti, Y. Liang, K. Virochsiri, Y. He, Z. Kaden, V. Narayanan, and X. Ye. 2018. "Horizon: Facebook's Open Source Applied Reinforcement Learning Platform". *arXiv preprint arXiv:1811.00260.*

Gelly, S., Y. Wang, R. Munos, and O. Teytaud. 2006. "Modification of UCT with patterns in Monte-Carlo Go".

Geman, S., E. Bienenstock, and R. Doursat. 1992. "Neural networks and the bias/variance dilemma". *Neural computation.* 4(1): 1–58.

Geramifard, A., C. Dann, R. H. Klein, W. Dabney, and J. P. How. 2015. "RLPy: A Value-Function-Based Reinforcement Learning Framework for Education and Research". *Journal of Machine Learning Research.* 16: 1573–1578.

Geurts, P., D. Ernst, and L. Wehenkel. 2006. "Extremely randomized trees". *Machine learning.* 63(1): 3–42.

Ghavamzadeh, M., S. Mannor, J. Pineau, A. Tamar, *et al.* 2015. "Bayesian reinforcement learning: A survey". *Foundations and Trends® in Machine Learning.* 8(5-6): 359–483.

Giusti, A., J. Guzzi, D. C. Ciresan, F.-L. He, J. P. Rodriguez, F. Fontana, M. Faessler, C. Forster, J. Schmidhuber, G. Di Caro, *et al.* 2016. "A machine learning approach to visual perception of forest trails for mobile robots". *IEEE Robotics and Automation Letters.* 1(2): 661–667.

Goodfellow, I., Y. Bengio, and A. Courville. 2016. *Deep learning.* MIT Press.

Goodfellow, I., J. Pouget-Abadie, M. Mirza, B. Xu, D. Warde-Farley, S. Ozair, A. Courville, and Y. Bengio. 2014. "Generative adversarial nets". In: *Advances in neural information processing systems.* 2672–2680.

Gordon, G. J. 1996. "Stable fitted reinforcement learning". In: *Advances in neural information processing systems*. 1052–1058.

Gordon, G. J. 1999. "Approximate solutions to Markov decision processes". *Robotics Institute*: 228.

Graves, A., G. Wayne, and I. Danihelka. 2014. "Neural turing machines". *arXiv preprint arXiv:1410.5401*.

Gregor, K., D. J. Rezende, and D. Wierstra. 2016. "Variational Intrinsic Control". *arXiv preprint arXiv:1611.07507*.

Gruslys, A., M. G. Azar, M. G. Bellemare, and R. Munos. 2017. "The Reactor: A Sample-Efficient Actor-Critic Architecture". *arXiv preprint arXiv:1704.04651*.

Gu, S., E. Holly, T. Lillicrap, and S. Levine. 2017a. "Deep reinforcement learning for robotic manipulation with asynchronous off-policy updates". In: *Robotics and Automation (ICRA), 2017 IEEE International Conference on*. IEEE. 3389–3396.

Gu, S., T. Lillicrap, Z. Ghahramani, R. E. Turner, and S. Levine. 2017b. "Q-Prop: Sample-Efficient Policy Gradient with An Off-Policy Critic". In: *5th International Conference on Learning Representations (ICLR 2017)*.

Gu, S., T. Lillicrap, Z. Ghahramani, R. E. Turner, and S. Levine. 2016a. "Q-prop: Sample-efficient policy gradient with an off-policy critic". *arXiv preprint arXiv:1611.02247*.

Gu, S., T. Lillicrap, Z. Ghahramani, R. E. Turner, B. Schölkopf, and S. Levine. 2017c. "Interpolated Policy Gradient: Merging On-Policy and Off-Policy Gradient Estimation for Deep Reinforcement Learning". *arXiv preprint arXiv:1706.00387*.

Gu, S., T. Lillicrap, I. Sutskever, and S. Levine. 2016b. "Continuous Deep Q-Learning with Model-based Acceleration". *arXiv preprint arXiv:1603.00748*.

Guo, Z. D. and E. Brunskill. 2017. "Sample efficient feature selection for factored mdps". *arXiv preprint arXiv:1703.03454*.

Haarnoja, T., H. Tang, P. Abbeel, and S. Levine. 2017. "Reinforcement learning with deep energy-based policies". *arXiv preprint arXiv:1702.08165*.

Haber, N., D. Mrowca, L. Fei-Fei, and D. L. Yamins. 2018. "Learning to Play with Intrinsically-Motivated Self-Aware Agents". *arXiv preprint arXiv:1802.07442*.

Hadfield-Menell, D., S. J. Russell, P. Abbeel, and A. Dragan. 2016. "Cooperative inverse reinforcement learning". In: *Advances in neural information processing systems*. 3909–3917.

Hafner, R. and M. Riedmiller. 2011. "Reinforcement learning in feedback control". *Machine learning*. 84(1-2): 137–169.

Halsey, L. G., D. Curran-Everett, S. L. Vowler, and G. B. Drummond. 2015. "The fickle P value generates irreproducible results". *Nature methods*. 12(3): 179–185.

Harari, Y. N. 2014. *Sapiens: A brief history of humankind*.

Harutyunyan, A., M. G. Bellemare, T. Stepleton, and R. Munos. 2016. "Q (\lambda) with Off-Policy Corrections". In: *International Conference on Algorithmic Learning Theory*. Springer. 305–320.

Hassabis, D., D. Kumaran, C. Summerfield, and M. Botvinick. 2017. "Neuroscience-inspired artificial intelligence". *Neuron*. 95(2): 245–258.

Hasselt, H. V. 2010. "Double Q-learning". In: *Advances in Neural Information Processing Systems*. 2613–2621.

Hausknecht, M. and P. Stone. 2015. "Deep recurrent Q-learning for partially observable MDPs". *arXiv preprint arXiv:1507.06527.*

Hauskrecht, M., N. Meuleau, L. P. Kaelbling, T. Dean, and C. Boutilier. 1998. "Hierarchical solution of Markov decision processes using macro-actions". In: *Proceedings of the Fourteenth conference on Uncertainty in artificial intelligence.* Morgan Kaufmann Publishers Inc. 220–229.

He, K., X. Zhang, S. Ren, and J. Sun. 2016. "Deep residual learning for image recognition". In: *Proceedings of the IEEE Conference on Computer Vision and Pattern Recognition.* 770–778.

Heess, N., G. Wayne, D. Silver, T. Lillicrap, T. Erez, and Y. Tassa. 2015. "Learning continuous control policies by stochastic value gradients". In: *Advances in Neural Information Processing Systems.* 2944–2952.

Henderson, P., W.-D. Chang, F. Shkurti, J. Hansen, D. Meger, and G. Dudek. 2017a. "Benchmark Environments for Multitask Learning in Continuous Domains". *ICML Lifelong Learning: A Reinforcement Learning Approach Workshop.*

Henderson, P., R. Islam, P. Bachman, J. Pineau, D. Precup, and D. Meger. 2017b. "Deep Reinforcement Learning that Matters". *arXiv preprint arXiv:1709.06560.*

Hessel, M., J. Modayil, H. van Hasselt, T. Schaul, G. Ostrovski, W. Dabney, D. Horgan, B. Piot, M. Azar, and D. Silver. 2017. "Rainbow: Combining Improvements in Deep Reinforcement Learning". *arXiv preprint arXiv:1710.02298.*

Hessel, M., H. Soyer, L. Espeholt, W. Czarnecki, S. Schmitt, and H. van Hasselt. 2018. "Multi-task Deep Reinforcement Learning with PopArt". *arXiv preprint arXiv:1809.04474.*

Higgins, I., A. Pal, A. A. Rusu, L. Matthey, C. P. Burgess, A. Pritzel, M. Botvinick, C. Blundell, and A. Lerchner. 2017. "Darla: Improving zero-shot transfer in reinforcement learning". *arXiv preprint arXiv:1707.08475.*

Ho, J. and S. Ermon. 2016. "Generative adversarial imitation learning". In: *Advances in Neural Information Processing Systems.* 4565–4573.

Hochreiter, S. and J. Schmidhuber. 1997. "Long short-term memory". *Neural computation.* 9(8): 1735–1780.

Hochreiter, S., A. S. Younger, and P. R. Conwell. 2001. "Learning to learn using gradient descent". In: *International Conference on Artificial Neural Networks.* Springer. 87–94.

Holroyd, C. B. and M. G. Coles. 2002. "The neural basis of human error processing: reinforcement learning, dopamine, and the error-related negativity". *Psychological review.* 109(4): 679.

Houthooft, R., X. Chen, Y. Duan, J. Schulman, F. De Turck, and P. Abbeel. 2016. "Vime: Variational information maximizing exploration". In: *Advances in Neural Information Processing Systems.* 1109–1117.

Ioffe, S. and C. Szegedy. 2015. "Batch normalization: Accelerating deep network training by reducing internal covariate shift". *arXiv preprint arXiv:1502.03167.*

Islam, R., P. Henderson, M. Gomrokchi, and D. Precup. 2017. "Reproducibility of Benchmarked Deep Reinforcement Learning Tasks for Continuous Control". *ICML Reproducibility in Machine Learning Workshop.*

Jaderberg, M., W. M. Czarnecki, I. Dunning, L. Marris, G. Lever, A. G. Castaneda, C.

Beattie, N. C. Rabinowitz, A. S. Morcos, A. Ruderman, *et al.* 2018. “Human-level performance in firstperson multiplayer games with population-based deep reinforcement learning”. *arXiv preprint arXiv:1807.01281.*

Jaderberg, M., V. Mnih, W. M. Czarnecki, T. Schaul, J. Z. Leibo, D. Silver, and K. Kavukcuoglu. 2016. “Reinforcement learning with unsupervised auxiliary tasks”. *arXiv preprint arXiv:1611.05397.*

Jakobi, N., P. Husbands, and I. Harvey. 1995. “Noise and the reality gap: The use of simulation in evolutionary robotics”. In: *European Conference on Artificial Life.* Springer. 704–720.

James, G. M. 2003. “Variance and bias for general loss functions”. *Machine Learning.* 51(2): 115–135.

Jaques, N., A. Lazaridou, E. Hughes, C. Gulcehre, P. A. Ortega, D. Strouse, J. Z. Leibo, and N. de Freitas. 2018. “Intrinsic Social Motivation via Causal Influence in Multi-Agent RL”. *arXiv preprint arXiv:1810.08647.*

Jaquette, S. C. *et al.* 1973. “Markov decision processes with a new optimality criterion: Discrete time”. *The Annals of Statistics.* 1(3): 496–505.

Jiang, N., A. Kulesza, and S. Singh. 2015a. “Abstraction selection in model-based reinforcement learning”. In: *Proceedings of the 32nd International Conference on Machine Learning (ICML-15).* 179–188.

Jiang, N., A. Kulesza, S. Singh, and R. Lewis. 2015b. “The Dependence of Effective Planning Horizon on Model Accuracy”. In: *Proceedings of the 2015 International Conference on Autonomous Agents and Multiagent Systems.* International Foundation for Autonomous Agents and Multiagent Systems. 1181–1189.

Jiang, N. and L. Li. 2016. “Doubly robust off-policy value evaluation for reinforcement learning”. In: *Proceedings of The 33rd International Conference on Machine Learning.* 652–661.

Johnson, J., B. Hariharan, L. van der Maaten, J. Hoffman, L. Fei-Fei, C. L. Zitnick, and R. Girshick. 2017. “Inferring and Executing Programs for Visual Reasoning”. *arXiv preprint arXiv:1705.03633.*

Johnson, M., K. Hofmann, T. Hutton, and D. Bignell. 2016. “The Malmo Platform for Artificial Intelligence Experimentation”. In: *IJCAI.* 4246–4247.

Juliani, A., V.-P. Berges, E. Vckay, Y. Gao, H. Henry, M. Mattar, and D. Lange. 2018. “Unity: A General Platform for Intelligent Agents”. *arXiv preprint arXiv:1809.02627.*

Kaelbling, L. P., M. L. Littman, and A. R. Cassandra. 1998. “Planning and acting in partially observable stochastic domains”. *Artificial intelligence.* 101(1): 99–134.

Kahneman, D. 2011. *Thinking, fast and slow.* Macmillan.

Kakade, S. 2001. “A Natural Policy Gradient”. In: *Advances in Neural Information Processing Systems 14 [Neural Information Processing Systems: Natural and Synthetic, NIPS 2001, December 3-8, 2001, Vancouver, British Columbia, Canada].* 1531–1538.

Kakade, S., M. Kearns, and J. Langford. 2003. “Exploration in metric state spaces”. In: *ICML.* Vol. 3. 306–312.

Kalakrishnan, M., P. Pastor, L. Righetti, and S. Schaal. 2013. “Learning objective functions for manipulation”. In: *Robotics and Automation (ICRA), 2013 IEEE International Conference on.* IEEE. 1331–1336.

Kalashnikov, D., A. Irpan, P. Pastor, J. Ibarz, A. Herzog, E. Jang, D. Quillen, E. Holly, M. Kalakrishnan, V. Vanhoucke, and S. Levine. 2018. "Qt-opt: Scalable deep reinforcement learning for vision-based robotic manipulation". *arXiv preprint arXiv:1806.10293*.

Kalchbrenner, N., A. v. d. Oord, K. Simonyan, I. Danihelka, O. Vinyals, A. Graves, and K. Kavukcuoglu. 2016. "Video pixel networks". *arXiv preprint arXiv:1610.00527*.

Kansky, K., T. Silver, D. A. Mély, M. Eldawy, M. Lázaro-Gredilla, X. Lou, N. Dorfman, S. Sidor, S. Phoenix, and D. George. 2017. "Schema Networks: Zero-shot Transfer with a Generative Causal Model of Intuitive Physics". *arXiv preprint arXiv:1706.04317*.

Kaplan, R., C. Sauer, and A. Sosa. 2017. "Beating Atari with Natural Language Guided Reinforcement Learning". *arXiv preprint arXiv:1704.05539*.

Kearns, M. and S. Singh. 2002. "Near-optimal reinforcement learning in polynomial time". *Machine Learning*. 49(2-3): 209–232.

Kempka, M., M. Wydmuch, G. Runc, J. Toczek, and W. Jaskowski. 2016. "Vizdoom: A doom-based ai research platform for visual reinforcement learning". In: *Computational Intelligence and Games (CIG), 2016 IEEE Conference on*. IEEE. 1–8.

Kirkpatrick, J., R. Pascanu, N. Rabinowitz, J. Veness, G. Desjardins, A. A. Rusu, K. Milan, J. Quan, T. Ramalho, A. Grabska-Barwinska, *et al.* 2016. "Overcoming catastrophic forgetting in neural networks". *arXiv preprint arXiv:1612.00796*.

Klambauer, G., T. Unterthiner, A. Mayr, and S. Hochreiter. 2017. "Self-Normalizing Neural Networks". *arXiv preprint arXiv:1706.02515*.

Kolter, J. Z. and A. Y. Ng. 2009. "Near-Bayesian exploration in polynomial time". In: *Proceedings of the 26th Annual International Conference on Machine Learning*. ACM. 513–520.

Konda, V. R. and J. N. Tsitsiklis. 2000. "Actor-critic algorithms". In: *Advances in neural information processing systems*. 1008–1014.

Krizhevsky, A., I. Sutskever, and G. E. Hinton. 2012. "Imagenet classification with deep convolutional neural networks". In: *Advances in neural information processing systems*. 1097–1105.

Kroon, M. and S. Whiteson. 2009. "Automatic feature selection for model-based reinforcement learning in factored MDPs". In: *Machine Learning and Applications, 2009. ICMLA'09. International Conference on*. IEEE. 324–330.

Kulkarni, T. D., K. Narasimhan, A. Saeedi, and J. Tenenbaum. 2016. "Hierarchical deep reinforcement learning: Integrating temporal abstraction and intrinsic motivation". In: *Advances in Neural Information Processing Systems*. 3675–3683.

Lample, G. and D. S. Chaplot. 2017. "Playing FPS Games with Deep Reinforcement Learning". In: *AAAI*. 2140–2146.

LeCun, Y., Y. Bengio, *et al.* 1995. "Convolutional networks for images, speech, and time series". *The handbook of brain theory and neural networks*. 3361(10): 1995.

LeCun, Y., Y. Bengio, and G. Hinton. 2015. "Deep learning". *Nature*. 521(7553): 436–444.

LeCun, Y., L. Bottou, Y. Bengio, and P. Haffner. 1998. "Gradient-base learning applied to document recognition". *Proceedings of the IEEE*. 86(11): 2278–2324.

Lee, D., H. Seo, and M. W. Jung. 2012. "Neural basis of reinforcement learning and decision making". *Annual review of neuroscience*. 35: 287–308.

Leffler, B. R., M. L. Littman, and T. Edmunds. 2007. "Efficient reinforcement learning with relocatable action models". In: *AAAI*. Vol. 7. 572–577.

Levine, S., C. Finn, T. Darrell, and P. Abbeel. 2016. "End-to-end training of deep visuomotor policies". *Journal of Machine Learning Research*. 17(39): 1–40.

Levine, S. and V. Koltun. 2013. "Guided policy search". In: *International Conference on Machine Learning*. 1–9.

Li, L., Y. Lv, and F.-Y. Wang. 2016. "Traffic signal timing via deep reinforcement learning". *IEEE/CAA Journal of Automatica Sinica*. 3(3): 247–254.

Li, L., W. Chu, J. Langford, and X. Wang. 2011. "Unbiased offline evaluation of contextual-bandit-based news article recommendation algorithms". In: *Proceedings of the fourth ACM international conference on Web search and data mining*. ACM. 297–306.

Li, X., L. Li, J. Gao, X. He, J. Chen, L. Deng, and J. He. 2015. "Recurrent reinforcement learning: a hybrid approach". *arXiv preprint arXiv:1509.03044*.

Liaw, A., M. Wiener, *et al.* 2002. "Classification and regression by randomForest". *R news*. 2(3): 18–22.

Lillicrap, T. P., J. J. Hunt, A. Pritzel, N. Heess, T. Erez, Y. Tassa, D. Silver, and D. Wierstra. 2015. "Continuous control with deep reinforcement learning". *arXiv preprint arXiv:1509.02971*.

Lin, L.-J. 1992. "Self-improving reactive agents based on reinforcement learning, planning and teaching". *Machine learning*. 8(3-4): 293–321.

Lipton, Z. C., J. Gao, L. Li, X. Li, F. Ahmed, and L. Deng. 2016. "Efficient exploration for dialogue policy learning with BBQ networks & replay buffer spiking". *arXiv preprint arXiv:1608.05081*.

Littman, M. L. 1994. "Markov games as a framework for multi-agent reinforcement learning". In: *Proceedings of the eleventh international conference on machine learning*. Vol. 157. 157–163.

Liu, Y., A. Gupta, P. Abbeel, and S. Levine. 2017. "Imitation from Observation: Learning to Imitate Behaviors from Raw Video via Context Translation". *arXiv preprint arXiv:1707.03374*.

Lowe, R., Y. Wu, A. Tamar, J. Harb, P. Abbeel, and I. Mordatch. 2017. "Multi-Agent Actor-Critic for Mixed Cooperative-Competitive Environments". *arXiv preprint arXiv:1706.02275*.

MacGlashan, J., M. K. Ho, R. Loftin, B. Peng, D. Roberts, M. E. Taylor, and M. L. Littman. 2017. "Interactive Learning from Policy-Dependent Human Feedback". *arXiv preprint arXiv:1701.06049*.

Machado, M. C., M. G. Bellemare, and M. Bowling. 2017a. "A Laplacian Framework for Option Discovery in Reinforcement Learning". *arXiv preprint arXiv:1703.00956*.

Machado, M. C., M. G. Bellemare, E. Talvitie, J. Veness, M. Hausknecht, and M. Bowling. 2017b. "Revisiting the Arcade Learning Environment: Evaluation Protocols and Open Problems for General Agents". *arXiv preprint arXiv:1709.06009*.

Mandel, T., Y.-E. Liu, S. Levine, E. Brunskill, and Z. Popovic. 2014. "Offline policy evaluation across representations with applications to educational games". In: *Proceedings of the 2014 international conference on Autonomous agents and multi-agent systems*. International Foundation for Autonomous Agents and Multiagent Systems. 1077–1084.

Mankowitz, D. J., T. A. Mann, and S. Mannor. 2016. "Adaptive Skills Adaptive Partitions (ASAP)". In: *Advances in Neural Information Processing Systems*. 1588–1596.

Mathieu, M., C. Couprie, and Y. LeCun. 2015. "Deep multi-scale video prediction beyond mean square error". *arXiv preprint arXiv:1511.05440*.

Matiisen, T., A. Oliver, T. Cohen, and J. Schulman. 2017. "Teacher-Student Curriculum Learning". *arXiv preprint arXiv:1707.00183*.

McCallum, A. K. 1996. "Reinforcement learning with selective perception and hidden state". *PhD thesis*. University of Rochester.

McGovern, A., R. S. Sutton, and A. H. Fagg. 1997. "Roles of macroactions in accelerating reinforcement learning". In: *Grace Hopper celebration of women in computing*. Vol. 1317.

Miikkulainen, R., J. Liang, E. Meyerson, A. Rawal, D. Fink, O. Francon, B. Raju, A. Navruzyan, N. Duffy, and B. Hodjat. 2017. "Evolving Deep Neural Networks". *arXiv preprint arXiv:1703.00548*.

Mirowski, P., R. Pascanu, F. Viola, H. Soyer, A. Ballard, A. Banino, M. Denil, R. Goroshin, L. Sifre, K. Kavukcuoglu, *et al.* 2016. "Learning to navigate in complex environments". *arXiv preprint arXiv:1611.03673*.

Mnih, V., A. P. Badia, M. Mirza, A. Graves, T. P. Lillicrap, T. Harley, D. Silver, and K. Kavukcuoglu. 2016. "Asynchronous methods for deep reinforcement learning". In: *International Conference on Machine Learning*.

Mnih, V., K. Kavukcuoglu, D. Silver, A. A. Rusu, J. Veness, M. G. Bellemare, A. Graves, M. Riedmiller, A. K. Fidjeland, G. Ostrovski, *et al.* 2015. "Human-level control through deep reinforcement learning". *Nature*. 518(7540): 529–533.

Mohamed, S. and D. J. Rezende. 2015. "Variational information maximisation for intrinsically motivated reinforcement learning". In: *Advances in neural information processing systems*. 2125–2133.

Montague, P. R. 2013. "Reinforcement Learning Models Then-and-Now: From Single Cells to Modern Neuroimaging". In: *20 Years of Computational Neuroscience*. Springer. 271–277.

Moore, A. W. 1990. "Efficient memory-based learning for robot control".

Morari, M. and J. H. Lee. 1999. "Model predictive control: past, present and future". *Computers & Chemical Engineering*. 23(4-5): 667–682.

Moravcik, M., M. Schmid, N. Burch, V. Lisy, D. Morrill, N. Bard, T. Davis, K. Waugh, M. Johanson, and M. Bowling. 2017. "DeepStack: Expert-level artificial intelligence in heads-up no-limit poker". *Science*. 356(6337): 508–513.

Mordatch, I., K. Lowrey, G. Andrew, Z. Popovic, and E. V. Todorov. 2015. "Interactive control of diverse complex characters with neural networks". In: *Advances in Neural Information Processing Systems*. 3132–3140.

Morimura, T., M. Sugiyama, H. Kashima, H. Hachiya, and T. Tanaka. 2010. "Nonparametric return distribution approximation for reinforcement learning". In: *Proceedings of the 27th International Conference on Machine Learning (ICML-10)*. 799–806.

Munos, R. and A. Moore. 2002. "Variable resolution discretization in optimal control". *Machine learning*. 49(2): 291–323.

Munos, R., T. Stepleton, A. Harutyunyan, and M. Bellemare. 2016. "Safe and efficient off-policy reinforcement learning". In: *Advances in Neural Information Processing Systems*. 1046–1054.

Murphy, K. P. 2012. "Machine Learning: A Probabilistic Perspective".

Nagabandi, A., G. Kahn, R. S. Fearing, and S. Levine. 2017. "Neural network dynamics for model-based deep reinforcement learning with model-free fine-tuning". *arXiv preprint arXiv:1708.02596*.

Nagabandi, A., G. Kahn, R. S. Fearing, and S. Levine. 2018. "Neural network dynamics for model-based deep reinforcement learning with model-free fine-tuning". In: *2018 IEEE International Conference on Robotics and Automation (ICRA)*. IEEE. 7559–7566.

Narvekar, S., J. Sinapov, M. Leonetti, and P. Stone. 2016. "Source task creation for curriculum learning". In: *Proceedings of the 2016 International Conference on Autonomous Agents & Multiagent Systems*. International Foundation for Autonomous Agents and Multiagent Systems. 566–574.

Neelakantan, A., Q. V. Le, and I. Sutskever. 2015. "Neural programmer: Inducing latent programs with gradient descent". *arXiv preprint arXiv:1511.04834*.

Neu, G. and C. Szepesvári. 2012. "Apprenticeship learning using inverse reinforcement learning and gradient methods". *arXiv preprint arXiv:1206.5264*.

Ng, A. Y., D. Harada, and S. Russell. 1999. "Policy invariance under reward transformations: Theory and application to reward shaping". In: *ICML*. Vol. 99. 278–287.

Ng, A. Y., S. J. Russell, *et al.* 2000. "Algorithms for inverse reinforcement learning". In: *Icml*. 663–670.

Nguyen, D. H. and B. Widrow. 1990. "Neural networks for self-learning control systems". *IEEE Control systems magazine*. 10(3): 18–23.

Niv, Y. 2009. "Reinforcement learning in the brain". *Journal of Mathematical Psychology*. 53(3): 139–154.

Niv, Y. and P. R. Montague. 2009. "Theoretical and empirical studies of learning". In: *Neuroeconomics*. Elsevier. 331–351.

Norris, J. R. 1998. *Markov chains*. No. 2. Cambridge university press.

O'Donoghue, B., R. Munos, K. Kavukcuoglu, and V. Mnih. 2016. "PGQ: Combining policy gradient and Q-learning". *arXiv preprint arXiv:1611.01626*.

Oh, J., V. Chockalingam, S. Singh, and H. Lee. 2016. "Control of Memory, Active Perception, and Action in Minecraft". *arXiv preprint arXiv:1605.09128*.

Oh, J., X. Guo, H. Lee, R. L. Lewis, and S. Singh. 2015. "Actionconditional video prediction using deep networks in atari games". In: *Advances in Neural Information Processing Systems*. 2863–2871.

Oh, J., S. Singh, and H. Lee. 2017. "Value Prediction Network". *arXiv preprint arXiv:1707.03497*.

Olah, C., A. Mordvintsev, and L. Schubert. 2017. "Feature Visualization". *Distill*. https://distill.pub/2017/feature-visualization.

Ortner, R., O.-A. Maillard, and D. Ryabko. 2014. "Selecting nearoptimal approximate state representations in reinforcement learning". In: *International Conference on Algorithmic Learning Theory*. Springer. 140–154.

Osband, I., C. Blundell, A. Pritzel, and B. Van Roy. 2016. "Deep Exploration via Bootstrapped DQN". *arXiv preprint arXiv:1602.04621*.

Ostrovski, G., M. G. Bellemare, A. v. d. Oord, and R. Munos. 2017. "Count-based exploration with neural density models". *arXiv preprint arXiv:1703.01310.*

Paine, T. L., S. G. Colmenarejo, Z. Wang, S. Reed, Y. Aytar, T. Pfaff, M. W. Hoffman, G. Barth-Maron, S. Cabi, D. Budden, *et al.* 2018. "One-Shot High-Fidelity Imitation: Training Large-Scale Deep Nets with RL". *arXiv preprint arXiv:1810.05017.*

Parisotto, E., J. L. Ba, and R. Salakhutdinov. 2015. "Actor-mimic: Deep multitask and transfer reinforcement learning". *arXiv preprint arXiv:1511.06342.*

Pascanu, R., Y. Li, O. Vinyals, N. Heess, L. Buesing, S. Racanière, D. Reichert, T. Weber, D. Wierstra, and P. Battaglia. 2017. "Learning model-based planning from scratch". *arXiv preprint arXiv:1707.06170.*

Pathak, D., P. Agrawal, A. A. Efros, and T. Darrell. 2017. "Curiositydriven exploration by self-supervised prediction". In: *International Conference on Machine Learning (ICML).* Vol. 2017.

Pavlov, I. P. 1927. *Conditioned reflexes.* Oxford University Press.

Pedregosa, F., G. Varoquaux, A. Gramfort, V. Michel, B. Thirion, O. Grisel, M. Blondel, P. Prettenhofer, R. Weiss, V. Dubourg, *et al.* 2011. "Scikit-learn: Machine learning in Python". *Journal of Machine Learning Research.* 12(Oct): 2825–2830.

Peng, J. and R. J. Williams. 1994. "Incremental multi-step Q-learning". In: *Machine Learning Proceedings 1994.* Elsevier. 226–232.

Peng, P., Q. Yuan, Y. Wen, Y. Yang, Z. Tang, H. Long, and J. Wang. 2017a. "Multiagent Bidirectionally-Coordinated Nets for Learning to Play StarCraft Combat Games". *arXiv preprint arXiv:1703.10069.*

Peng, X. B., G. Berseth, K. Yin, and M. van de Panne. 2017b. "DeepLoco: Dynamic Locomotion Skills Using Hierarchical Deep Reinforcement Learning". *ACM Transactions on Graphics (Proc. SIGGRAPH 2017).* 36(4).

Perez-Liebana, D., S. Samothrakis, J. Togelius, T. Schaul, S. M. Lucas, A. Couëtoux, J. Lee, C.-U. Lim, and T. Thompson. 2016. "The 2014 general video game playing competition". *IEEE Transactions on Computational Intelligence and AI in Games.* 8(3): 229–243.

Petrik, M. and B. Scherrer. 2009. "Biasing approximate dynamic programming with a lower discount factor". In: *Advances in neural information processing systems.* 1265–1272.

Piketty, T. 2013. "Capital in the Twenty-First Century".

Pineau, J., G. Gordon, S. Thrun, *et al.* 2003. "Point-based value iteration: An anytime algorithm for POMDPs". In: *IJCAI.* Vol. 3. 1025–1032.

Pinto, L., M. Andrychowicz, P. Welinder, W. Zaremba, and P. Abbeel. 2017. "Asymmetric Actor Critic for Image-Based Robot Learning". *arXiv preprint arXiv:1710.06542.*

Plappert, M., R. Houthooft, P. Dhariwal, S. Sidor, R. Y. Chen, X. Chen, T. Asfour, P. Abbeel, and M. Andrychowicz. 2017. "Parameter Space Noise for Exploration". *arXiv preprint arXiv:1706.01905.*

Precup, D. 2000. "Eligibility traces for off-policy policy evaluation". *Computer Science Department Faculty Publication Series*: 80.

Ranzato, M., S. Chopra, M. Auli, and W. Zaremba. 2015. "Sequence level training with recurrent neural networks". *arXiv preprint arXiv:1511.06732.*

Rasmussen, C. E. 2004. "Gaussian processes in machine learning". In: *Advanced lectures on machine learning*. Springer. 63–71.

Ravindran, B. and A. G. Barto. 2004. "An algebraic approach to abstraction in reinforcement learning". *PhD thesis*. University of Massachusetts at Amherst.

Real, E., S. Moore, A. Selle, S. Saxena, Y. L. Suematsu, Q. Le, and A. Kurakin. 2017. "Large-Scale Evolution of Image Classifiers". *arXiv preprint arXiv:1703.01041*.

Reed, S. and N. De Freitas. 2015. "Neural programmer-interpreters". *arXiv preprint arXiv:1511.06279*.

Rescorla, R. A., A. R. Wagner, *et al.* 1972. "A theory of Pavlovian conditioning: Variations in the effectiveness of reinforcement and nonreinforcement". *Classical conditioning II: Current research and theory*. 2: 64–99.

Riedmiller, M. 2005. "Neural fitted Q iteration–first experiences with a data efficient neural reinforcement learning method". In: *Machine Learning: ECML 2005*. Springer. 317–328.

Riedmiller, M., R. Hafner, T. Lampe, M. Neunert, J. Degrave, T. Van de Wiele, V. Mnih, N. Heess, and J. T. Springenberg. 2018. "Learning by Playing - Solving Sparse Reward Tasks from Scratch". *arXiv preprint arXiv:1802.10567*.

Rowland, M., M. G. Bellemare, W. Dabney, R. Munos, and Y. W. Teh. 2018. "An Analysis of Categorical Distributional Reinforcement Learning". *arXiv preprint arXiv:1802.08163*.

Ruder, S. 2017. "An overview of multi-task learning in deep neural networks". *arXiv preprint arXiv:1706.05098*.

Rumelhart, D. E., G. E. Hinton, and R. J. Williams. 1988. "Learning representations by back-propagating errors". *Cognitive modeling*. 5(3): 1.

Russakovsky, O., J. Deng, H. Su, J. Krause, S. Satheesh, S. Ma, Z. Huang, A. Karpathy, A. Khosla, M. Bernstein, *et al.* 2015. "Imagenet large scale visual recognition challenge". *International Journal of Computer Vision*. 115(3): 211–252.

Russek, E. M., I. Momennejad, M. M. Botvinick, S. J. Gershman, and N. D. Daw. 2017. "Predictive representations can link model-based reinforcement learning to model-free mechanisms". *bioRxiv*: 083857.

Rusu, A. A., S. G. Colmenarejo, C. Gulcehre, G. Desjardins, J. Kirkpatrick, R. Pascanu, V. Mnih, K. Kavukcuoglu, and R. Hadsell. 2015. "Policy distillation". *arXiv preprint arXiv:1511.06295*.

Rusu, A. A., M. Vecerik, T. Rothörl, N. Heess, R. Pascanu, and R. Hadsell. 2016. "Sim-to-real robot learning from pixels with progressive nets". *arXiv preprint arXiv:1610.04286*.

Sadeghi, F. and S. Levine. 2016. "CAD2RL: Real single-image flight without a single real image". *arXiv preprint arXiv:1611.04201*.

Salge, C., C. Glackin, and D. Polani. 2014. "Changing the environment based on empowerment as intrinsic motivation". *Entropy*. 16(5): 2789–2819.

Salimans, T., J. Ho, X. Chen, and I. Sutskever. 2017. "Evolution Strategies as a Scalable Alternative to Reinforcement Learning". *arXiv preprint arXiv:1703.03864*.

Samuel, A. L. 1959. "Some studies in machine learning using the game of checkers". *IBM Journal of research and development*. 3(3): 210–229.

Sandve, G. K., A. Nekrutenko, J. Taylor, and E. Hovig. 2013. "Ten simple rules for reproducible computational research". *PLoS computational biology*. 9(10): e1003285.

Santoro, A., D. Raposo, D. G. Barrett, M. Malinowski, R. Pascanu, P. Battaglia, and T. Lillicrap. 2017. "A simple neural network module for relational reasoning". *arXiv preprint arXiv:1706.01427*.

Savinov, N., A. Raichuk, R. Marinier, D. Vincent, M. Pollefeys, T. Lillicrap, and S. Gelly. 2018. "Episodic Curiosity through Reachability". *arXiv preprint arXiv:1810.02274*.

Schaarschmidt, M., A. Kuhnle, and K. Fricke. 2017. "TensorForce: A TensorFlow library for applied reinforcement learning".

Schaul, T., J. Bayer, D. Wierstra, Y. Sun, M. Felder, F. Sehnke, T. Rückstieß, and J. Schmidhuber. 2010. "PyBrain". *The Journal of Machine Learning Research*. 11: 743–746.

Schaul, T., D. Horgan, K. Gregor, and D. Silver. 2015a. "Universal value function approximators". In: *Proceedings of the 32nd International Conference on Machine Learning (ICML-15)*. 1312–1320.

Schaul, T., J. Quan, I. Antonoglou, and D. Silver. 2015b. "Prioritized Experience Replay". *arXiv preprint arXiv:1511.05952*.

Schmidhuber, J. 2010. "Formal theory of creativity, fun, and intrinsic motivation (1990–2010)". *IEEE Transactions on Autonomous Mental Development*. 2(3): 230–247.

Schmidhuber, J. 2015. "Deep learning in neural networks: An overview". *Neural Networks*. 61: 85–117.

Schraudolph, N. N., P. Dayan, and T. J. Sejnowski. 1994. "Temporal difference learning of position evaluation in the game of Go". In: *Advances in Neural Information Processing Systems*. 817–824.

Schulman, J., P. Abbeel, and X. Chen. 2017a. "Equivalence Between Policy Gradients and Soft Q-Learning". *arXiv preprint arXiv:1704.06440*.

Schulman, J., J. Ho, C. Lee, and P. Abbeel. 2016. "Learning from demonstrations through the use of non-rigid registration". In: *Robotics Research*. Springer. 339–354.

Schulman, J., S. Levine, P. Abbeel, M. I. Jordan, and P. Moritz. 2015. "Trust Region Policy Optimization". In: *ICML*. 1889–1897.

Schulman, J., F. Wolski, P. Dhariwal, A. Radford, and O. Klimov. 2017b. "Proximal policy optimization algorithms". *arXiv preprint arXiv:1707.06347*.

Schultz, W., P. Dayan, and P. R. Montague. 1997. "A neural substrate of prediction and reward". *Science*. 275(5306): 1593–1599.

Shannon, C. 1950. "Programming a Computer for Playing Chess". *Philosophical Magazine*. 41(314).

Silver, D. L., Q. Yang, and L. Li. 2013. "Lifelong Machine Learning Systems: Beyond Learning Algorithms". In: *AAAI Spring Symposium: Lifelong Machine Learning*. Vol. 13. 05.

Silver, D., H. van Hasselt, M. Hessel, T. Schaul, A. Guez, T. Harley, G. Dulac-Arnold, D. Reichert, N. Rabinowitz, A. Barreto, *et al.* 2016a. "The predictron: End-to-end learning and planning". *arXiv preprint arXiv:1612.08810*.

Silver, D., A. Huang, C. J. Maddison, A. Guez, L. Sifre, G. Van Den Driessche, J. Schrittwieser, I. Antonoglou, V. Panneershelvam, M. Lanctot, *et al.* 2016b. "Mastering the game of Go with deep neural networks and tree search". *Nature*. 529(7587): 484–489.

Silver, D., G. Lever, N. Heess, T. Degris, D. Wierstra, and M. Riedmiller. 2014. "Deterministic Policy Gradient Algorithms". In: *ICML*.

Singh, S. P., T. S. Jaakkola, and M. I. Jordan. 1994. "Learning Without State-Estimation in Partially Observable Markovian Decision Processes". In: *ICML*. 284–292.

Singh, S. P. and R. S. Sutton. 1996. "Reinforcement learning with replacing eligibility traces". *Machine learning*. 22(1-3): 123–158.

Singh, S., T. Jaakkola, M. L. Littman, and C. Szepesvári. 2000. "Convergence results for single-step on-policy reinforcement-learning algorithms". *Machine learning*. 38(3): 287–308.

Sondik, E. J. 1978. "The optimal control of partially observable Markov processes over the infinite horizon: Discounted costs". *Operations research*. 26(2): 282–304.

Srivastava, N., G. E. Hinton, A. Krizhevsky, I. Sutskever, and R. Salakhutdinov. 2014. "Dropout: a simple way to prevent neural networks from overfitting". *Journal of Machine Learning Research*. 15(1): 1929–1958.

Stadie, B. C., S. Levine, and P. Abbeel. 2015. "Incentivizing Exploration In Reinforcement Learning With Deep Predictive Models". *arXiv preprint arXiv:1507.00814*.

Stone, P. and M. Veloso. 2000. "Layered learning". *Machine Learning: ECML 2000* : 369–381.

Story, G., I. Vlaev, B. Seymour, A. Darzi, and R. Dolan. 2014. "Does temporal discounting explain unhealthy behavior? A systematic review and reinforcement learning perspective". *Frontiers in behavioral neuroscience*. 8: 76.

Sukhbaatar, S., A. Szlam, and R. Fergus. 2016. "Learning multiagent communication with backpropagation". In: *Advances in Neural Information Processing Systems*. 2244–2252.

Sun, Y., F. Gomez, and J. Schmidhuber. 2011. "Planning to be surprised: Optimal bayesian exploration in dynamic environments". In: *Artificial General Intelligence*. Springer. 41–51.

Sunehag, P., G. Lever, A. Gruslys, W. M. Czarnecki, V. Zambaldi, M. Jaderberg, M. Lanctot, N. Sonnerat, J. Z. Leibo, K. Tuyls, *et al.* 2017. "Value-Decomposition Networks For Cooperative Multi-Agent Learning". *arXiv preprint arXiv:1706.05296*.

Sutton, R. S. 1988. "Learning to predict by the methods of temporal differences". *Machine learning*. 3(1): 9–44.

Sutton, R. S. 1996. "Generalization in reinforcement learning: Successful examples using sparse coarse coding". *Advances in neural information processing systems*: 1038–1044.

Sutton, R. S. and A. G. Barto. 1998. *Reinforcement learning: An introduction*. Vol. 1. No. 1. MIT press Cambridge.

Sutton, R. S. and A. G. Barto. 2017. *Reinforcement Learning: An Introduction (2nd Edition, in progress)*. MIT Press.

Sutton, R. S., D. A. McAllester, S. P. Singh, and Y. Mansour. 2000. "Policy gradient methods for reinforcement learning with function approximation". In: *Advances in neural information processing systems*. 1057–1063.

Sutton, R. S., D. Precup, and S. Singh. 1999. "Between MDPs and semi-MDPs: A framework for temporal abstraction in reinforcement learning". *Artificial intelligence*. 112(1-2): 181–211.

Sutton, R. S. 1984. "Temporal credit assignment in reinforcement learning".

Synnaeve, G., N. Nardelli, A. Auvolat, S. Chintala, T. Lacroix, Z. Lin, F. Richoux, and N. Usunier. 2016. "TorchCraft: a Library for Machine Learning Research on Real-Time Strategy Games". *arXiv preprint arXiv:1611.00625.*

Szegedy, C., S. Ioffe, V. Vanhoucke, and A. Alemi. 2016. "Inception-v4, inception-resnet and the impact of residual connections on learning". *arXiv preprint arXiv:1602.07261.*

Szegedy, C., S. Ioffe, V. Vanhoucke, and A. A. Alemi. 2017. "Inception-v4, inception-resnet and the impact of residual connections on learning". In: *AAAI.* Vol. 4. 12.

Tamar, A., S. Levine, P. Abbeel, Y. WU, and G. Thomas. 2016. "Value iteration networks". In: *Advances in Neural Information Processing Systems.* 2146–2154.

Tan, J., T. Zhang, E. Coumans, A. Iscen, Y. Bai, D. Hafner, S. Bohez, and V. Vanhoucke. 2018. "Sim-to-Real: Learning Agile Locomotion For Quadruped Robots". *arXiv preprint arXiv:1804.10332.*

Tanner, B. and A. White. 2009. "RL-Glue: Language-independent software for reinforcement-learning experiments". *The Journal of Machine Learning Research.* 10: 2133–2136.

Teh, Y. W., V. Bapst, W. M. Czarnecki, J. Quan, J. Kirkpatrick, R. Hadsell, N. Heess, and R. Pascanu. 2017. "Distral: Robust Multitask Reinforcement Learning". *arXiv preprint arXiv:1707.04175.*

Tesauro, G. 1995. "Temporal difference learning and TD-Gammon". *Communications of the ACM.* 38(3): 58–68.

Tessler, C., S. Givony, T. Zahavy, D. J. Mankowitz, and S. Mannor. 2017. "A Deep Hierarchical Approach to Lifelong Learning in Minecraft". In: *AAAI.* 1553–1561.

Thomas, P. 2014. "Bias in natural actor-critic algorithms". In: *International Conference on Machine Learning.* 441–448.

Thomas, P. S. and E. Brunskill. 2016. "Data-efficient off-policy policy evaluation for reinforcement learning". In: *International Conference on Machine Learning.*

Thrun, S. B. 1992. "Efficient exploration in reinforcement learning".

Tian, Y., Q. Gong, W. Shang, Y. Wu, and C. L. Zitnick. 2017. "ELF: An Extensive, Lightweight and Flexible Research Platform for Realtime Strategy Games". *Advances in Neural Information Processing Systems (NIPS).*

Tieleman, H. 2012. "Lecture 6.5-rmsprop: Divide the gradient by a running average of its recent magnitude". *COURSERA: Neural Networks for Machine Learning.*

Tobin, J., R. Fong, A. Ray, J. Schneider, W. Zaremba, and P. Abbeel. 2017. "Domain Randomization for Transferring Deep Neural Networks from Simulation to the Real World". *arXiv preprint arXiv:1703.06907.*

Todorov, E., T. Erez, and Y. Tassa. 2012. "MuJoCo: A physics engine for model-based control". In: *Intelligent Robots and Systems (IROS), 2012 IEEE/RSJ International Conference on.* IEEE. 5026–5033.

Tsitsiklis, J. N. and B. Van Roy. 1997. "An analysis of temporal-difference learning with function approximation". *Automatic Control, IEEE Transactions on.* 42(5): 674–690.

Turing, A. M. 1953. "Digital computers applied to games". *Faster than thought.*

Tzeng, E., C. Devin, J. Hoffman, C. Finn, P. Abbeel, S. Levine, K. Saenko, and T. Darrell. 2015. "Adapting deep visuomotor representations with weak pairwise constraints".

arXiv preprint arXiv:1511.07111.

Ueno, S., M. Osawa, M. Imai, T. Kato, and H. Yamakawa. 2017. " "Re: ROS": Prototyping of Reinforcement Learning Environment for Asynchronous Cognitive Architecture". In: *First International Early Research Career Enhancement School on Biologically Inspired Cognitive Architectures.* Springer. 198–203.

Van Hasselt, H., A. Guez, and D. Silver. 2016. "Deep Reinforcement Learning with Double Q-Learning". In: *AAAI.* 2094–2100.

Vapnik, V. N. 1998. "Statistical learning theory. Adaptive and learning systems for signal processing, communications, and control".

Vaswani, A., N. Shazeer, N. Parmar, J. Uszkoreit, L. Jones, A. N. Gomez, L. Kaiser, and I. Polosukhin. 2017. "Attention Is All You Need". *arXiv preprint arXiv:1706.03762.*

Vezhnevets, A., V. Mnih, S. Osindero, A. Graves, O. Vinyals, J. Agapiou, *et al.* 2016. "Strategic attentive writer for learning macro-actions". In: *Advances in Neural Information Processing Systems.* 3486–3494.

Vinyals, O., T. Ewalds, S. Bartunov, P. Georgiev, A. S. Vezhnevets, M. Yeo, A. Makhzani, H. Küttler, J. Agapiou, J. Schrittwieser, *et al.* 2017. "StarCraft II: A New Challenge for Reinforcement Learning". *arXiv preprint arXiv:1708.04782.*

Wahlström, N., T. B. Schön, and M. P. Deisenroth. 2015. "From pixels to torques: Policy learning with deep dynamical models". *arXiv preprint arXiv:1502.02251.*

Walsh, T. 2017. *It's Alive!: Artificial Intelligence from the Logic Piano to Killer Robots.* La Trobe University Press.

Wang, J. X., Z. Kurth-Nelson, D. Tirumala, H. Soyer, J. Z. Leibo, R. Munos, C. Blundell, D. Kumaran, and M. Botvinick. 2016a. "Learning to reinforcement learn". *arXiv preprint arXiv:1611.05763.*

Wang, Z., V. Bapst, N. Heess, V. Mnih, R. Munos, K. Kavukcuoglu, and N. de Freitas. 2016b. "Sample efficient actor-critic with experience replay". *arXiv preprint arXiv:1611.01224.*

Wang, Z., N. de Freitas, and M. Lanctot. 2015. "Dueling network architectures for deep reinforcement learning". *arXiv preprint arXiv:1511.06581.*

Warnell, G., N. Waytowich, V. Lawhern, and P. Stone. 2017. "Deep TAMER: Interactive Agent Shaping in High-Dimensional State Spaces". *arXiv preprint arXiv:1709.10163.*

Watkins, C. J. and P. Dayan. 1992. "Q-learning". *Machine learning.* 8(3-4): 279–292.

Watkins, C. J. C. H. 1989. "Learning from delayed rewards". *PhD thesis.* King's College, Cambridge.

Watter, M., J. Springenberg, J. Boedecker, and M. Riedmiller. 2015. "Embed to control: A locally linear latent dynamics model for control from raw images". In: *Advances in neural information processing systems.* 2746–2754.

Weber, T., S. Racanière, D. P. Reichert, L. Buesing, A. Guez, D. J. Rezende, A. P. Badia, O. Vinyals, N. Heess, Y. Li, *et al.* 2017. "Imagination-Augmented Agents for Deep Reinforcement Learning". *arXiv preprint arXiv:1707.06203.*

Wender, S. and I. Watson. 2012. "Applying reinforcement learning to small scale combat in the real-time strategy game StarCraft: Broodwar". In: *Computational Intelligence and Games (CIG), 2012 IEEE Conference on.* IEEE. 402–408.

Whiteson, S., B. Tanner, M. E. Taylor, and P. Stone. 2011. "Protecting against evaluation overfitting in empirical reinforcement learning". In: *Adaptive Dynamic Programming And Reinforcement Learning (ADPRL), 2011 IEEE Symposium on.* IEEE. 120–127.

Williams, R. J. 1992. "Simple statistical gradient-following algorithms for connectionist reinforcement learning". *Machine learning.* 8(3-4): 229–256.

Wu, Y. and Y. Tian. 2016. "Training agent for first-person shooter game with actor-critic curriculum learning".

Xu, K., J. Ba, R. Kiros, K. Cho, A. Courville, R. Salakhudinov, R. Zemel, and Y. Bengio. 2015. "Show, attend and tell: Neural image caption generation with visual attention". In: *International Conference on Machine Learning.* 2048–2057.

You, Y., X. Pan, Z. Wang, and C. Lu. 2017. "Virtual to Real Reinforcement Learning for Autonomous Driving". *arXiv preprint arXiv:1704.03952.*

Zamora, I., N. G. Lopez, V. M. Vilches, and A. H. Cordero. 2016. "Extending the OpenAI Gym for robotics: a toolkit for reinforcement learning using ROS and Gazebo". *arXiv preprint arXiv:1608.05742.*

Zhang, A., N. Ballas, and J. Pineau. 2018a. "A Dissection of Overfitting and Generalization in Continuous Reinforcement Learning". *arXiv preprint arXiv:1806.07937.*

Zhang, A., H. Satija, and J. Pineau. 2018b. "Decoupling Dynamics and Reward for Transfer Learning". *arXiv preprint arXiv:1804.10689.*

Zhang, C., O. Vinyals, R. Munos, and S. Bengio. 2018c. "A Study on Overfitting in Deep Reinforcement Learning". *arXiv preprint arXiv:1804.06893.*

Zhang, C., S. Bengio, M. Hardt, B. Recht, and O. Vinyals. 2016. "Understanding deep learning requires rethinking generalization". *arXiv preprint arXiv:1611.03530.*

Zhu, Y., R. Mottaghi, E. Kolve, J. J. Lim, A. Gupta, L. Fei-Fei, and A. Farhadi. 2016. "Target-driven visual navigation in indoor scenes using deep reinforcement learning". *arXiv preprint arXiv:1609.05143.*

Ziebart, B. D. 2010. *Modeling purposeful adaptive behavior with the principle of maximum causal entropy.* Carnegie Mellon University.

Zoph, B. and Q. V. Le. 2016. "Neural architecture search with reinforcement learning". *arXiv preprint arXiv:1611.01578.*

欧文索引

■ 数字

2-sample t-test〔2 標本 t 検定〕 70

■ A

ablation analysis〔切除解析〕 70
absorbing state〔吸収状態〕 28
abstract action〔抽象行動〕 55
abstract representation〔抽象表現〕 51
action space〔行動空間〕 14
activation function〔活性化関数〕 9
actor-critic〔アクター・クリティック〕 35, 37, 83
advantage function〔アドバンテージ関数〕 16, 26, 34, 38, 40
adversarial method〔敵対的手法〕 80
ALE ⇒ arcade learning environment
analogical reasoning〔類推〕 53
arcade learning environment; ALE〔アーケード学習環境〕 65
asymptotic bias〔漸近偏り〕 49
Atari game〔アタリ社のゲーム〕 2, 21, 65, 93
atomic action〔アトミックアクション〕 55
ATreeC 46
attention mechanism〔注意機構〕 10, 52
auto-encoder〔自己符号化器〕 7
auxiliary task〔補助タスク〕 29, 61
average return〔平均収益〕 70

■ B

backpropagation algorithm〔誤差逆伝播アルゴリズム〕 9
bandit task〔バンディットタスク〕 59, 60
behavior policy〔挙動方策〕 19
Bellman equation〔ベルマン方程式〕 21
Bellman operator〔ベルマン作用素〕 21
bootstrap〔ブートストラップ〕 29, 33, 36, 55, 61, 83
Bullet 68

■ C

catastrophic forgetting〔破滅的忘却〕 78
combined reinforcement via abstract representations; CRAR〔抽象表現による結合強化学習〕 46
contextual policies〔文脈を考慮した方策〕 76, 79
continual learning〔継続学習〕 78
contraction mapping〔収縮写像〕 22
convolution layer〔畳み込み層〕 9, 74
convolutional structure〔畳み込み構造〕 87
CRAR ⇒ combined reinforcement via abstract representations
cross validation〔交差検証〕 56
cumulative regret〔累積後悔〕 59
cumulative reward〔累積報酬〕 1, 4, 12, 15, 27, 59, 70
curiosity〔好奇心〕 90
curriculum learning〔カリキュラム学習〕 66, 79

■ D

data augmentation〔データ拡張〕 77
data compression〔データ圧縮〕 7
DDPG ⇒ deep deterministic policy gradient
DDQN ⇒ double DQN
deep deterministic policy gradient; DDPG〔深層確定的方策勾配法〕 34, 35
deep learning; DL〔深層学習〕 2
deep Q-network; DQN〔深層 Q ネットワーク〕 21, 24, 34, 39
deep reinforcement learning; DRL〔深層強化学習〕 2
delayed reward〔遅延報酬〕 30, 54
demonstration〔模範演技〕 62
deterministic policy〔確定的方策〕 31
differentiable policy〔微分可能な方策〕 33

directed exploration〔指向探索〕 60
discount factor〔割引率〕 14
discrete action space〔離散行動空間〕 31
distributional Bellman equation〔分布型ベルマン方程式〕 28
distributional DQN〔分布型深層 Q ネットワーク〕 27
DL ⇒ deep learning
double DQN; DDQN〔2 重 DQN〕 26
double estimator method〔2 重推定器法〕 26
doubly robust estimator〔2 重ロバスト推定量〕 57
DQN ⇒ deep Q-network
DRL ⇒ deep reinforcement learning
dueling network architecture〔決闘型ネットワーク構造〕 26
dynamic programming〔動的計画法〕 13

■ E

ϵ-greedy〔ϵ-グリーディ〕 24, 60, 61
E^3 ⇒ explicit explore or exploit
eligibility trace〔適格度トレース〕 30
empirical error〔経験誤差〕 6
entropy regularizer〔エントロピー正則化〕 34
expected cumulative reward〔期待累積報酬〕 32
expected discounted reward〔期待割引報酬〕 16
expected return〔期待報酬〕 15
experience replay〔経験再生〕 19
explicit explore or exploit; E^3〔明示的な探索および活用〕 60
exploration/exploitation〔探索・活用〕 12, 18, 58
external memory〔外部記憶〕 10

■ F

feature selection〔特徴選択〕 53
fine tuning〔ファインチューニング〕 45
finite horizon〔有限区間〕 15
Fisher information metric〔フィッシャーの情報量〕 37
fitted Q-learning〔当てはめ Q 学習〕 21
fixed point〔不動点〕 22
function approximator〔関数近似器〕 4

■ G

Gaussian process; GP〔ガウス過程〕 43
general video game AI; GVGAI〔汎用テレビゲーム人工知能〕 66
generalization〔汎化性〕 47
generalization error〔汎化誤差〕 6
generative adversarial network〔敵対的生成ネットワーク〕 8
generative adversarial training〔敵対的生成訓練〕 79
generative model〔生成モデル〕 7
GLIE ⇒ greedy in the limit with infinite exploration
GP ⇒ Gaussian process
GPS ⇒ guided policy search
gradient descent〔勾配降下法〕 9
greedy in the limit with infinite exploration; GLIE〔無限回探索時の極限における方策グリーディ化〕 37
guidance〔誘導〕 62
guided policy search; GPS〔誘導方策探索〕 43
GVGAI ⇒ general video game AI

■ H

hierarchical planning〔階層的計画〕 66

■ I

I2As ⇒ imagination-augmented agents
i.i.d.〔独立同一分布〕 48
ImageNet〔イメージネット〕 5
imagination-augmented agents; I2As〔想像拡張エージェント〕 46
imitation learning〔模倣学習〕 79, 80
immediate reward〔即時報酬〕 29
immediate reward prediction〔即時報酬予測〕 53
importance sampling〔重要度サンプリング〕 56
infinite horizon〔無限区間〕 15
inverse reinforcement learning; IRL〔逆強化学習〕 79, 80
IRL ⇒ inverse reinforcement learning

■ J

joint probability distribution〔結合確率分布〕 6

■ L

latent representation〔潜在表現〕 52
learning rate〔学習率〕 23
learning to learn〔学習のための学習〕 75
lifelong learning〔生涯学習〕 66, 67, 78, 89
likelihood ratio trick〔尤度比法〕 33
long short-term memory; LSTM〔長短期記憶〕 10, 74
lookahead search〔先読み探索〕 41, 43
lookup table〔参照表〕 21
LSTM ⇒ long short-term memory

■ M

macro action〔マクロアクション〕 55
Markov decision process; MDP〔マルコフ決定過程〕 14
Markov property〔マルコフ性〕 14
maximum causal entropy〔最大因果エントロピー〕 80
MCTS ⇒ Monte-Carlo tree search
MDP ⇒ Markov decision process
meta-learning〔メタ学習〕 47, 75, 89
meta-reinforcement learning〔メタ強化学習〕 66
MFMC ⇒ model-free Monte Calro
mini-batch〔ミニバッチ〕 47
minimax two-player game〔ミニマックス 2 人ゲーム〕 8
model-based〔モデルベース〕 41, 43, 45, 46, 56, 62
model-based reinforcement learning〔モデルベース強化学習〕 17, 41–46
model-free〔モデルフリー〕 17, 40, 41, 43–46
model-free Monte Calro; MFMC〔モデルフリーのモンテカルロ〕 56
model-predictive control; MPC〔モデル予測制御〕 43
Monte Carlo method〔モンテカルロ法〕 17
Monte-Carlo tree search; MCTS〔モンテカルロ木探索〕 42
Montezuma's Revenge〔モンテズマの逆襲〕 61
MPC ⇒ model-predictive control
MuJoCo 67
multi-agent system〔マルチエージェントシステム〕 81
multi-step learning〔多段階学習〕 29
multitask setting〔マルチタスク設定〕 75

■ N

Nash equilibrium〔ナッシュ均衡〕 39
natural policy gradient〔自然方策勾配法〕 37
NET2NET transformation〔NET2NET 変換〕 57
neural fitted Q iteration with continuous actions; NFQCA〔連続行動空間を用いたニューラル当てはめ Q 反復法〕 34
neural fitted Q-learning; NFQ〔ニューラル当てはめ Q 学習〕 22, 34
neural turing machine; NTM〔ニューラルチューリングマシン〕 10
NFQ ⇒ neural fitted Q-learning
NFQCA ⇒ neural fitted Q iteration with continuous actions
non-expansion/expansion mapping〔非拡張・拡張写像〕 55
NTM ⇒ neural turing machine

■ O

off-policy〔方策オフ型〕 19, 30, 36, 37, 39
on-policy〔方策オン型〕 19, 34, 36, 37
OpenAI Gym 68
optimal expected return〔最適期待報酬〕 15
optimal Q-value function〔最適行動価値関数〕 16
optimal V-value function〔最適状態価値関数〕 16
option〔オプション〕 55, 61
option-critic〔オプション・クリティック〕 55
overfitting〔過適合〕 7, 49

■ P

partially observable environment〔部分観測環境〕 72
partially observable Markov decision process; POMDP〔部分観測マルコフ決定過程〕 73
PBVI ⇒ point-based value iteration

PILCO ⇒ probabilistic inference for learning control
point-based value iteration; PBVI〔点ベース価値反復〕 73
policy〔方策〕 15, 17
policy-based method〔方策ベース手法〕 21
policy gradient method〔方策勾配法〕 32–40
policy gradient theorem〔方策勾配定理〕 33
POMDP ⇒ partially observable Markov decision process
PPO ⇒ proximal policy optimization
predictive planning〔予測計画〕 66
predictron〔プレディクトロン〕 45
prioritized replay〔優先度付き再生〕 63
probabilistic inference for learning control; PILCO〔学習制御のための確率推論〕 43
probability ratio〔尤度比〕 39
progressive network〔漸進的ネットワーク〕 79
proximal policy optimization; PPO〔近接方策最適化〕 39
pseudo-reward function〔疑似報酬関数〕 53

■ Q

Q-learning〔Q 学習〕 21
Q-value function〔行動価値関数〕 16
Quake III Arena Capture the Flag 83

■ R

R-max 60
Rademacher complexity〔ラーデマッハ複雑度〕 6
random sampling〔無作為サンプリング〕 5
random variable〔確率変数〕 5
reality gap〔リアリティギャップ〕 85
recurrent layer〔再帰層〕 10, 74
recurrent neural network〔再帰型ニューラルネットワーク〕 75
REINFORCE 33
reinforcement learning; RL〔強化学習〕 1, 4, 12
relational learning〔関係学習〕 53
relational reinforcement learning〔関係強化学習〕 53
replay buffer〔再生バッファ〕 19
replay memory〔再生記憶〕 18, 24
Rescorla-Wagner theory〔レスコーラ＝ワグナー理論〕 86
Retrace(λ) 36
retrace operator〔リトレース作用素〕 30
reward function〔報酬関数〕 14
reward shaping〔報酬成形〕 54, 66
RL ⇒ reinforcement learning
Roboschool 68
ROS 68

■ S

sample efficiency〔サンプル効率〕 18, 20, 31, 37, 39, 42–44, 47, 53
schema network〔スキーマネットワーク〕 46
sequential decision-making〔逐次的意思決定〕 1
Shannon information gains〔シャノン情報量〕 60
significance testing〔有意差検定〕 70
simple regret〔単純後悔〕 59
softmax〔ソフトマックス〕 46
softmax exploration〔ソフトマックス探索〕 60
source environment〔元環境〕 77
sparse reward〔疎な報酬〕 54, 65
state space〔状態空間〕 14
stochastic gradient ascent〔確率勾配上昇法〕 32
stochastic gradient descent〔確率勾配降下法〕 23
stochastic policy〔確率的方策〕 32
supervised learning〔教師あり学習〕 4
symbolic rule〔記号則〕 11, 53

■ T

target environment〔目標環境〕 77
target Q-network〔標的 Q ネットワーク〕 24
target value〔標的値〕 22
TD ⇒ temporal-difference
temporal-difference; TD〔時間差分〕 63, 87
TensorFlow〔テンソルフロー〕 5

transfer learning〔転移学習〕 47, 77, 78
transition function〔遷移関数〕 14
travelling salesman problem〔巡回セールスマン問題〕 85
TreeQN 46
TRPO ⇒ trust region policy optimization
trust region〔信頼領域〕 38
trust region policy optimization; TRPO〔信頼領域方策最適化〕 38

■ U

underfitting〔適合不足〕 7
undirected exploration〔無指向探索〕 60
Unity 68
universal/goal conditioned value functions〔ゴールで条件付けされた万能価値関数〕 76
unsupervised learning〔教師なし学習〕 4, 7–8

■ V

V-value function〔状態価値関数〕 15
validation set〔検証集合〕 56
value-based method〔価値ベース手法〕 21–31
value function〔価値関数〕 17
value iteration network; VIN〔価値反復ネットワーク〕 45
value prediction network; VPN〔価値予測ネットワーク〕 45
VC-dimension〔VC 次元〕 7
VIN ⇒ value iteration network
VPN ⇒ value prediction network

■ Z

zero-shot learning〔ゼロショット学習〕 77

和文索引

■ 数字

2 重 DQN〔double DQN; DDQN〕 26
2 重推定器法〔double estimator method〕 26
2 重ロバスト推定量〔doubly robust estimator〕 57
2 標本 t 検定〔2-sample t-test〕 70

■ 英字

ALE ⇒アーケード学習環境
ATreeC 46
Bullet 68
CRAR ⇒抽象表現による結合強化学習
DDPG ⇒深層確定的方策勾配法
DDQN ⇒ 2 重 DQN
DL ⇒深層学習
DQN ⇒深層 Q ネットワーク
DRL ⇒深層強化学習
ϵ-グリーディ〔ϵ-greedy〕 24, 60, 61
E^3 ⇒明示的な探索および活用
GLIE ⇒無限回探索時の極限における方策グリーディ化
GP ⇒ガウス過程
GPS ⇒誘導方策探索
GVGAI ⇒汎用テレビゲーム人工知能
I2As ⇒想像拡張エージェント
IRL ⇒逆強化学習
LSTM ⇒長短期記憶
MCTS ⇒モンテカルロ木探索
MDP ⇒マルコフ決定過程
MFMC ⇒モデルフリーのモンテカルロ
MPC ⇒モデル予測制御
MuJoCo 67
NET2NET 変換〔NET2NET transformation〕 57
NFQ ⇒ニューラル当てはめ Q 学習
NFQCA ⇒連続行動空間を用いたニューラル当てはめ Q 反復法
NTM ⇒ニューラルチューリングマシン
OpenAI Gym 68
PBVI ⇒点ベース価値反復
PILCO ⇒学習制御のための確率推論
POMDP ⇒部分観測マルコフ決定過程
PPO ⇒近接方策最適化
Q 学習〔Q-learning〕 21
Quake III Arena Capture the Flag 83
R-max 60
REINFORCE 33
Retrace(λ) 36
RL ⇒強化学習
Roboschool 68
ROS 68
TD ⇒時間差分
TreeQN 46
TRPO ⇒信頼領域方策最適化
Unity 68
VC 次元〔VC-dimension〕 7
VIN ⇒価値反復ネットワーク
VPN ⇒価値予測ネットワーク

■ あ

アーケード学習環境〔arcade learning environment; ALE〕 65
アクター・クリティック〔actor-critic〕 35, 37, 83
アタリ社のゲーム〔Atari game〕 2, 21, 65, 93
当てはめ Q 学習〔fitted Q-learning〕 21
アドバンテージ関数〔advantage function〕 16, 26, 34, 38, 40
アトミックアクション〔atomic action〕 55

■ い

イメージネット〔ImageNet〕 5

■ え

エントロピー正則化〔entropy regularizer〕 34

■ お

オプション〔option〕　55, 61
オプション・クリティック〔option-critic〕　55

■ か

階層的計画〔hierarchical planning〕　66
外部記憶〔external memory〕　10
ガウス過程〔Gaussian process; GP〕　43
学習制御のための確率推論〔probabilistic inference for learning control; PILCO〕　43
学習のための学習〔learning to learn〕　75
学習率〔learning rate〕　23
確定的方策〔deterministic policy〕　31
確率勾配降下法〔stochastic gradient descent〕　23
確率勾配上昇法〔stochastic gradient ascent〕　32
確率的方策〔stochastic policy〕　32
確率変数〔random variable〕　5
価値関数〔value function〕　17
価値反復ネットワーク〔value iteration network; VIN〕　45
価値ベース手法〔value-based method〕　21–31
価値予測ネットワーク〔value prediction network; VPN〕　45
活性化関数〔activation function〕　9
過適合〔overfitting〕　7, 49
カリキュラム学習〔curriculum learning〕　66, 79
関係学習〔relational learning〕　53
関係強化学習〔relational reinforcement learning〕　53
関数近似器〔function approximator〕　4

■ き

記号則〔symbolic rule〕　11, 53
疑似報酬関数〔pseudo-reward function〕　53
期待報酬〔expected return〕　15
期待累積報酬〔expected cumulative reward〕　32
期待割引報酬〔expected discounted reward〕　16
逆強化学習〔inverse reinforcement learning; IRL〕　79, 80
吸収状態〔absorbing state〕　28
強化学習〔reinforcement learning; RL〕　1, 4, 12
教師あり学習〔supervised learning〕　4
教師なし学習〔unsupervised learning〕　4, 7–8
挙動方策〔behavior policy〕　19
近接方策最適化〔proximal policy optimization; PPO〕　39

■ け

経験誤差〔empirical error〕　6
経験再生〔experience replay〕　19
継続学習〔continual learning〕　78
結合確率分布〔joint probability distribution〕　6
決闘型ネットワーク構造〔dueling network architecture〕　26
検証集合〔validation set〕　56

■ こ

好奇心〔curiosity〕　90
交差検証〔cross validation〕　56
行動価値関数〔Q-value function〕　16
行動空間〔action space〕　14
勾配降下法〔gradient descent〕　9
ゴールで条件付けされた万能価値関数〔universal/goal conditioned value functions〕　76
誤差逆伝播アルゴリズム〔backpropagation algorithm〕　9

■ さ

再帰型ニューラルネットワーク〔recurrent neural network〕　75
再帰層〔recurrent layer〕　10, 74
再生記憶〔replay memory〕　18, 24
再生バッファ〔replay buffer〕　19
最大因果エントロピー〔maximum causal entropy〕　80
最適期待報酬〔optimal expected return〕　15
最適行動価値関数〔optimal Q-value function〕　16
最適状態価値関数〔optimal V-value function〕　16

先読み探索〔lookahead search〕 41, 43
参照表〔lookup table〕 21
サンプル効率〔sample efficiency〕 18, 20, 31, 37, 39, 42–44, 47, 53

■ し

時間差分〔temporal-difference; TD〕 63, 87
指向探索〔directed exploration〕 60
自己符号化器〔auto-encoder〕 7
自然方策勾配法〔natural policy gradient〕 37
シャノン情報量〔Shannon information gains〕 60
収縮写像〔contraction mapping〕 22
重要度サンプリング〔importance sampling〕 56
巡回セールスマン問題〔travelling salesman problem〕 85
生涯学習〔lifelong learning〕 66, 67, 78, 89
状態価値関数〔V-value function〕 15
状態空間〔state space〕 14
深層 Q ネットワーク〔deep Q-network; DQN〕 21, 24, 34, 39
深層学習〔deep learning; DL〕 2
深層確定的方策勾配法〔deep deterministic policy gradient; DDPG〕 34, 35
深層強化学習〔deep reinforcement learning; DRL〕 2
信頼領域〔trust region〕 38
信頼領域方策最適化〔trust region policy optimization; TRPO〕 38

■ す

スキーマネットワーク〔schema network〕 46

■ せ

生成モデル〔generative model〕 7
切除解析〔ablation analysis〕 70
ゼロショット学習〔zero-shot learning〕 77
遷移関数〔transition function〕 14
漸近偏り〔asymptotic bias〕 49
潜在表現〔latent representation〕 52
漸進的ネットワーク〔progressive network〕 79

■ そ

想像拡張エージェント〔imagination-augmented agents; I2As〕 46
即時報酬〔immediate reward〕 29
即時報酬予測〔immediate reward prediction〕 53
疎な報酬〔sparse reward〕 54, 65
ソフトマックス〔softmax〕 46
ソフトマックス探索〔softmax exploration〕 60

■ た

畳み込み構造〔convolutional structure〕 87
畳み込み層〔convolution layer〕 9, 74
多段階学習〔multi-step learning〕 29
探索・活用〔exploration/exploitation〕 12, 18, 58
単純後悔〔simple regret〕 59

■ ち

遅延報酬〔delayed reward〕 30, 54
逐次的意思決定〔sequential decision-making〕 1
注意機構〔attention mechanism〕 10, 52
抽象行動〔abstract action〕 55
抽象表現〔abstract representation〕 51
抽象表現による結合強化学習〔combined reinforcement via abstract representations; CRAR〕 46
長短期記憶〔long short-term memory; LSTM〕 10, 74

■ て

データ圧縮〔data compression〕 7
データ拡張〔data augmentation〕 77
適格度トレース〔eligibility trace〕 30
適合不足〔underfitting〕 7
敵対的手法〔adversarial method〕 80
敵対的生成訓練〔generative adversarial training〕 79
敵対的生成ネットワーク〔generative adversarial network〕 8
転移学習〔transfer learning〕 47, 77, 78
テンソルフロー〔TensorFlow〕 5
点ベース価値反復〔point-based value iteration; PBVI〕 73

■ と

動的計画法〔dynamic programming〕 13
特徴選択〔feature selection〕 53
独立同一分布〔i.i.d.〕 48

■ な

ナッシュ均衡〔Nash equilibrium〕 39

■ に

ニューラル当てはめ Q 学習〔neural fitted Q-learning; NFQ〕 22, 34
ニューラルチューリングマシン〔neural turing machine; NTM〕 10

■ は

破滅的忘却〔catastrophic forgetting〕 78
汎化誤差〔generalization error〕 6
汎化性〔generalization〕 47
バンディットタスク〔bandit task〕 59, 60
汎用テレビゲーム人工知能〔general video game AI; GVGAI〕 66

■ ひ

非拡張・拡張写像〔non-expansion/expansion mapping〕 55
微分可能な方策〔differentiable policy〕 33
標的 Q ネットワーク〔target Q-network〕 24
標的値〔target value〕 22

■ ふ

ファインチューニング〔fine tuning〕 45
フィッシャーの情報量〔Fisher information metric〕 37
ブートストラップ〔bootstrap〕 29, 33, 36, 55, 61, 83
不動点〔fixed point〕 22
部分観測環境〔partially observable environment〕 72
部分観測マルコフ決定過程〔partially observable Markov decision process; POMDP〕 73
プレディクトロン〔predictron〕 45
分布型深層 Q ネットワーク〔distributional DQN〕 27
分布型ベルマン方程式〔distributional Bellman equation〕 28
文脈を考慮した方策〔contextual policies〕 76, 79

■ へ

平均収益〔average return〕 70
ベルマン作用素〔Bellman operator〕 21
ベルマン方程式〔Bellman equation〕 21

■ ほ

方策〔policy〕 15, 17
方策オフ型〔off-policy〕 19, 30, 36, 37, 39
方策オン型〔on-policy〕 19, 34, 36, 37
方策勾配定理〔policy gradient theorem〕 33
方策勾配法〔policy gradient method〕 32–40
方策ベース手法〔policy-based method〕 21
報酬関数〔reward function〕 14
報酬成形〔reward shaping〕 54, 66
補助タスク〔auxiliary task〕 29, 61

■ ま

マクロアクション〔macro action〕 55
マルコフ決定過程〔Markov decision process; MDP〕 14
マルコフ性〔Markov property〕 14
マルチエージェントシステム〔multi-agent system〕 81
マルチタスク設定〔multitask setting〕 75

■ み

ミニバッチ〔mini-batch〕 47
ミニマックス 2 人ゲーム〔minimax two-player game〕 8

■ む

無限回探索時の極限における方策グリーディ化〔greedy in the limit with infinite exploration; GLIE〕 37
無限区間〔infinite horizon〕 15
無作為サンプリング〔random sampling〕 5
無指向探索〔undirected exploration〕 60

■ め

明示的な探索および活用〔explicit explore or exploit; E^3〕 60
メタ学習〔meta-learning〕 47, 75, 89
メタ強化学習〔meta-reinforcement learning〕 66

■ も

目標環境〔target environment〕 77
モデルフリー〔model-free〕 17, 40, 41, 43–46
モデルフリーのモンテカルロ〔model-free Monte Calro; MFMC〕 56
モデルベース〔model-based〕 41, 43, 45, 46, 56, 62
モデルベース強化学習〔model-based reinforcement learning〕 17, 41–46
モデル予測制御〔model-predictive control; MPC〕 43
元環境〔source environment〕 77
模範演技〔demonstration〕 62
模倣学習〔imitation learning〕 79, 80
モンテカルロ木探索〔Monte-Carlo tree search; MCTS〕 42
モンテカルロ法〔Monte Carlo method〕 17
モンテズマの逆襲〔Montezuma's Revenge〕 61

■ ゆ

有意差検定〔significance testing〕 70
有限区間〔finite horizon〕 15
優先度付き再生〔prioritized replay〕 63
誘導〔guidance〕 62
誘導方策探索〔guided policy search; GPS〕 43
尤度比〔probability ratio〕 39
尤度比法〔likelihood ratio trick〕 33

■ よ

予測計画〔predictive planning〕 66

■ ら

ラーデマッハ複雑度〔Rademacher complexity〕 6

■ り

リアリティギャップ〔reality gap〕 85
離散行動空間〔discrete action space〕 31
リトレース作用素〔retrace operator〕 30

■ る

類推〔analogical reasoning〕 53
累積後悔〔cumulative regret〕 59
累積報酬〔cumulative reward〕 1, 4, 12, 15, 27, 59, 70

■ れ

レスコーラ=ワグナー理論〔Rescorla-Wagner theory〕 86
連続行動空間を用いたニューラル当てはめ Q 反復法〔neural fitted Q iteration with continuous actions; NFQCA〕 34

■ わ

割引率〔discount factor〕 14

Memorandum

■ 監訳者

松原崇充（まつばら　たかみつ）

奈良先端科学技術大学院大学 研究推進機構 研究推進部門，特任准教授（テニュア・トラック教員），博士（工学）

■ 訳者

井尻善久（いじり　よしひさ）

オムロン株式会社 技術・知財本部，技術専門職

オムロンサイニックエックス株式会社 リサーチアドミニストレイティブディビジョン，リサーチオーガナイザ，博士（情報科学）

担当：まえがき，第 1, 2, 3, 4, 7, 12 章

濵屋政志（はまや　まさし）

オムロンサイニックエックス株式会社 リサーチアドミニストレイティブディビジョン，シニアリサーチャ，博士（工学）

担当：第 5, 6, 8, 9, 10, 11 章

深層強化学習入門

原題：*An Introduction to Deep Reinforcement Learning*

2021 年 4 月 15 日　初版 1 刷発行

著　者　Vincent François-Lavet（ヴァンサン・フランソワ-ラヴェ）
Peter Henderson（ピーター・ヘンダーソン）
Riashat Islam（リアシャット・イスラム）
Marc G. Bellemare（マーク・G・ベルマーレ）
Joelle Pineau（ジョエル・ピノー）

監訳者　松原崇充

訳　者　井尻善久・濵屋政志

発　行　**共立出版株式会社**/南條光章
東京都文京区小日向 4-6-19
電話 03-3947-2511（代表）
〒112-0006/振替口座 00110-2-57035
www.kyoritsu-pub.co.jp

制　作　㈱グラベルロード

印　刷　加藤文明社

製　本　ブロケード

一般社団法人
自然科学書協会
会員

検印廃止

NDC 007.13

ISBN 978-4-320-12472-1

Printed in Japan